Découvrez l'histoire par les archives de presse

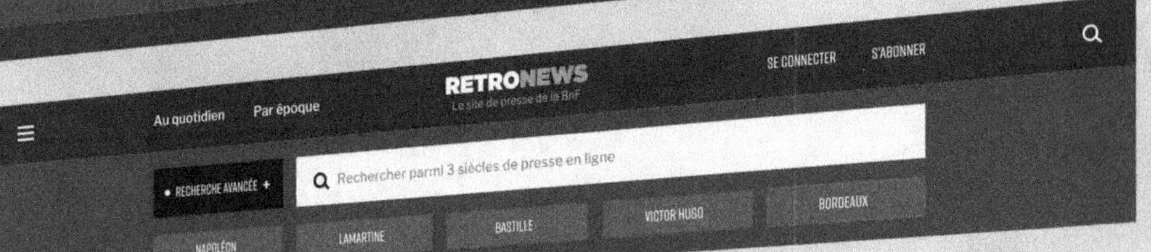

RETRONEWS

Le site de presse de la BnF

www.retronews.fr

CONGRÈS

SCIENTIFIQUES

DE FRANCE.

CONGRÈS

SCIENTIFIQUES

DE FRANCE.

Première Session,

TENUE A CAEN EN JUILLET 1833.

ROUEN.

NICÉTAS PERIAUX, ÉDITEUR,

RUE DE LA VICOMTÉ, N° 55.

1833

ON sentait depuis long-temps en France le besoin de grandes réunions scientifiques qui pussent imprimer une marche assurée aux connaissances humaines ; Paris était le seul centre où les esprits supérieurs en tous genres avaient pu, jusqu'à présent, se rassembler ; mais, par cela seul que ce centre était fixe, il établissait une sorte de monopole au profit de la capitale, au préjudice du reste de la France.

D'ailleurs, cette centralisation unique était tout-à-fait insuffisante pour les besoins intellectuels de la nation. Presque tous ceux que leur position sociale attachait, après leur éducation terminée, à la province, ne pouvaient continuer à cultiver les arts, les sciences ou les lettres, parce qu'ils ne trouvaient pas dans les villes qu'ils habitaient ce concours de talens, cette active émulation, sans lesquels les esprits les plus éclairés ne peuvent rien produire.

C'est un fait malheureusement trop vrai que la plupart des villes sont dans un état d'engourdissement qui les rend tributaires de la capitale : elles sont obligées de recevoir et d'adopter ses doctrines littéraires; les produits des arts et les découvertes des sciences ne se propagent avec rapidité que par elle. Elle a donc imposé, jusqu'à ce jour, ses prédilections et ses antipathies littéraires, ses modes, ses systèmes philosophiques; et pourtant, la province renferme une foule de savans, de littérateurs, d'artistes, qui, dans leur jeunesse, furent aussi les arbitres, les juges du goût, et firent ou détruisirent les réputations des hommes célèbres.

Le moyen de réveiller dans la province l'émulation, de rappeler l'activité, de faire naître et de produire au grand jour les talens inconnus et qui souvent s'ignorent eux-mêmes, était évidemment de provoquer, à des époques déterminées tous les ans, mais dans des lieux divers, des assemblées générales et où seraient convoqués tous ceux qui s'occupent des arts, des sciences et des lettres.

Réunis en Congrès scientifiques, ils devraient, pensa-t-on, constater l'état des connaissances humaines, et chercher à leur donner une impulsion progressive. C'est ainsi que des relations scientifiques s'établiraient dans les divers départemens; que les lumières se propageraient, parce que le foyer qui les recèle serait perpétuellement alimenté. Cette espèce de centralisation mobile, faite au profit de tous, ne créerait pour personne un monopole; toute la France participerait au bien qu'elle pourrait produire. La capitale resterait toujours la métropole des savans en tout genre; mais la province, s'élevant graduellement, finirait, peut-être, par marcher sur la même ligne qu'elle.

Ces considérations avaient vivement frappé l'esprit de M. *de Caumont*, et lui avaient donné le désir de créer une institution dont la nécessité était reconnue. Les Congrès scientifiques de l'Allemagne lui fournirent l'idée de réaliser son projet; il crut en avoir trouvé la solution, en adoptant pour la France le principe de ces Congrès, mais en l'étendant et l'appropriant à nos mœurs, à nos lois, à l'unité de notre territoire. L'Allemagne [1] ne se trou-

---

[1] *Voyez* la relation abrégée insérée dans le *Bulletin des sciences naturelles* (février 1830), publié par M. de Férussac.

vait pas, d'ailleurs, dans la même position scientifique que la France; il était nécessaire de modifier une institution faite pour un autre pays.

Après avoir communiqué son projet à quelques-uns des savans des départemens de l'Ouest et de la Normandie, M. *de Caumont* fixa l'ouverture du premier Congrès pour l'époque du 20 juillet de cette année ; il convoqua tous les amis de la science à s'y rendre, en leur adressant cette lettre :

« Monsieur , le goût des recherches et des études sérieuses a pénétré dans toutes les classes éclairées de la Société, et les corps savans se sont multipliés sur tous les points du royaume.

« Créées dans le louable but d'encourager les travaux utiles , ces compagnies ont contribué à propager parmi nous les *habitudes littéraires* qu'on y remarque aujourd'hui.

« Cependant, elles n'ont point encore complétement rempli leur noble mission. La plupart agissent dans des cercles trop bornés. Les travaux des sociétés de province n'ont point cet ensemble, cette unité qui seraient si désirables, parce qu'elles travaillent isolément et sans avoir de plan arrêté.

« Ces considérations nous ont déterminé à proposer l'établissement de Congrès annuels, qui seraient tenus alternativement dans une des principales villes de France, et où l'on se rendrait pour discuter les intérêts de la science, comme les corps législatifs se réunissent pour discuter d'autres intérêts.

« De semblables réunions donneront, nous n'en doutons pas, une impulsion nouvelle aux recherches scientifiques; elles ont produit en Allemagne les effets les plus heureux[1]; nous devons en attendre chez nous les plus heureux résultats.

« Dans cette conviction, nous avons décidé que le premier Congrès aurait lieu cette année à Caen, ville remarquable par ses Académies et ses établissemens, et qu'il commencerait le 20 juillet.

« Un grand nombre de savans recommandables se sont empressés d'applaudir à notre projet, et vingt-neuf personnes ont exprimé leur désir de communiquer des Mémoires pendant la session.

« Nous espérons, Monsieur, que vous répondrez à l'appel que nous faisons aujourd'hui à toutes les

---

[1] Quatre cent cinquante-huit savans ont assisté au Congrès tenu à Berlin en 1828 et présidé par M. de Humboldt.

Au Congrès scientifique qui a eu lieu à Vienne l'été dernier, on comptait de onze à douze cents personnes.

personnes amies des études sérieuses, et que vous viendrez aviser avec eux aux moyens de donner un nouvel éclat et plus d'unité d'action aux Sociétés savantes des provinces. Nous espérons aussi que vous communiquerez au Congrès le résultat de vos savans travaux; nous y attachons le plus haut prix.

« Je suis flatté d'être, dans cette circonstance, l'interprète de mes confrères, et j'ai l'honneur d'être, avec une considération distinguée,

« Monsieur,

« Votre très humble et obéissant serviteur,

« A. DE CAUMONT,

Correspondant de l'Institut,

Secrétaire de la Société des Antiquaires et de la Société Linnéenne de Normandie. »

Le premier Congrès a eu lieu. C'est le compte fidèle et le résultat de ses travaux que nous publions aujourd'hui. On sera, dès à présent, à même d'apprécier la portée d'une institution purement scientifique, d'une institution devant laquelle s'effacent les dissidences politiques ou religieuses; d'une institution où toutes les idées, tous les systèmes sont représentés, et qui est destinée à réunir, par un lien commun, tous les savans, amis de la gloire et du bonheur de la France.

On ne peut donc trop louer M. *de Caumont* qui, le premier, a conçu le projet d'établir dans notre pays les Congrès scientifiques, et qui l'a si heureusement réalisé, que le succès passe déjà ses espérances.

OUVERTURE

DU CONGRÈS.

Le 20 Juillet 1833, à deux heures, deux cents personnes, venues de divers points de la France, se trouvent réunies dans la salle du Musée de peinture, que l'administration municipale de Caen s'était empressée de mettre à la disposition du Congrès.

M. le professeur *Prudhomme*, de Caen, doyen d'âge, préside l'assemblée; MM. *Hunault de la Peltrie*, d'Angers, et *de Bordecôte*, de Pont-Audemer, remplissent les fonctions de secrétaires provisoires.

La session est déclarée ouverte.

M. *de Caumont* prend la parole, et s'exprime ainsi :

Messieurs :

« On comprend généralement aujourd'hui l'importance des études littéraires et scientifiques ; et la vie intellectuelle, cette nouvelle ame du monde, est devenue essentielle au corps social.

« Les sciences et les lettres embellissent toutes les phases de l'existence, comme on l'a dit avec raison [1]; elles jettent un reflet de vertu sur le jeune âge, et environnent la vieillesse des respects de la génération qui la suit. Elles font une puissance de l'homme pauvre et obscur, dont les pensées survivent aux monumens des rois; elles rendent bienveillant et généreux dans la pratique de la vie, celui qu'elles ont inspiré dans la solitude, et, s'il est vrai qu'il y ait dans l'homme un principe de vie que toutes les jouissances animales ne peuvent satisfaire, elles seules procurent à ce principe immortel des alimens analogues à sa noble nature.

« Cette vérité admise, il devient incontestable que les sociétés savantes, répandues sur les différens points de la France, exercent une influence salutaire en propageant le goût de l'étude, et qu'on ne saurait trop seconder leur action.

« Or, nous pensons, Messieurs, que le moyen le plus sûr et le plus puissant d'accroître l'importance des sociétés savantes, c'est de faire pour elles ce qu'elles ont fait pour les individus isolés, c'est-à-dire, de les réunir à certaines époques, afin d'exciter leur émulation et de perfectionner le régime d'après lequel elles ont été constituées.

« Telles sont les réunions que nous proposons aujourd'hui, sous la dénomination de CONGRÈS SCIENTIFIQUES.

---

[1] M. Ed. RICHER, de Nantes, dont on reproduit ici la pensée.

« Cette belle institution , dont l'utilité est déjà comprise par les esprits les plus élevés, et qui réunit dans notre ville un grand nombre de savans, ne sera point une institution éphémère : chaque année, de nouvelles assemblées développeront l'esprit d'association chez les hommes de lettres, et produiront *d'immenses résultats* pour les progrès des recherches utiles, qu'elles populariseront de plus en plus. Ajoutés aux Académies, les Congrès auront pour effet de donner aux études scientifiques tout l'ensemble qu'elles doivent avoir.

« Lorsqu'un certain nombre de Congrès scientifiques auront eu lieu en France, nous verrons les Sociétés départementales adopter, pour leurs travaux, une marche meilleure et uniforme; on ne verra plus de ces Recueils, composés sans plan, sans but d'utilité, de ces espèces de compilations qui ont signalé l'existence de tant de Sociétés littéraires.

« Pour énumérer tous les résultats avantageux que l'on peut attendre des Congrès scientifiques, il faudrait un long discours, et je ne me suis point proposé d'en faire; mon savant ami, M. de Beaurepaire, va tout à l'heure développer quelques-unes des idées qui animent la grande majorité des savans normands, et particulièrement ceux qui ont bien voulu me seconder dans l'établissement des Congrès. Je n'ai réclamé la parole qu'afin de vous soumettre un plan de travail pendant la durée de la session.

« Nous nous proposons, je crois, Messieurs, trois choses distinctes :

« *D'abord*, d'activer et d'encourager les travaux de

chacun, en réunissant les hommes qui peuvent s'éclairer mutuellement de leurs conseils. Tel est le but de toutes les grandes réunions littéraires.

« *En second lieu*, de rechercher les moyens de donner aux travaux des savans réunis en corps, une direction meilleure, un plan mieux défini, l'ensemble et l'unité qui leur manquent.

« *Troisièmement*, d'examiner l'état actuel des sciences et des lettres, et de discuter les questions générales qui en intéressent l'avancement et la prospérité.

« Ainsi, les travaux du Congrès se diviseront naturellement en deux parties, savoir : *la lecture des Mémoires qui vous seront présentés*, et *la discussion des questions littéraires ou scientifiques qui vous seront soumises.*

« En conséquence, nous ferons en sorte que le temps des séances soit partagé entre les lectures et les discussions.

« Mais, comme en tout il faut procéder avec ordre, pour éviter la confusion, nous avons l'honneur de vous proposer de diviser le Congrès en cinq sections, qui se réuniront le matin, de sept heures à une heure.

« Ainsi, la section d'histoire naturelle générale se réunirait de sept heures à neuf.

« La section des sciences physiques, chimiques et agricoles s'assemblerait de neuf heures à dix et demi.

« La section d'archéologie et celle de médecine se réuniraient de dix à onze heures et demie, dans des locaux séparés.

« Et la section de littérature, qui comprendra plusieurs subdivisions, tiendrait séance de onze heures et demie à une heure.

« Enfin, chaque jour, il y aurait une séance générale, de deux heures à cinq, dans laquelle MM. les secrétaires feraient connaître sommairement les travaux du matin, où l'on pourrait lire les Mémoires les plus importans, et juger en dernier ressort les questions déjà discutées dans les réunions particulières.

« Si vous adoptez la proposition que j'ai l'honneur de vous faire, Messieurs, vous aurez à élire sur-le-champ un président et deux vice-présidens pour les réunions générales; et demain, chacune des sections procédera à la formation de son bureau particulier [1] ».

[1] Quoique ce projet ait été adopté par acclamation, plusieurs membres du Congrès m'ont demandé pourquoi j'avais réuni dans une même section les sciences physiques, chimiques et agricoles? Ma réponse est facile et bien simple : c'est que je connaissais assez le personnel du Congrès, pour savoir d'avance qu'il n'y aurait pas assez de membres inscrits dans cette section pour en faire trois. Mes prévisions ne m'ont pas trompé; car, d'après les notes qui m'ont été remises par M. Girardin, quarante personnes seulement ont pris une part active aux travaux de la deuxième section, et, sur ce nombre, vingt membres au moins s'étaient particulièrement adonnés aux études agricoles. Or, si l'on avait établi deux sections spéciales pour la physique et la chimie, on eût vraisemblablement été obligé de les supprimer ou de les réunir à d'autres, vu le petit nombre de personnes qui auraient composé ces sections.

Dans tout ce qui a été fait, nous avons cherché à proportionner l'édifice aux matériaux qui devaient entrer dans sa composition, et nous avons agi, je crois, avec la connaissance acquise des élémens qui pouvaient concourir à l'organisation du premier Congrès tenu à Caen.

Les Congrès futurs réuniront plus de membres; le cercle des connaissances humaines y sera plus largement et plus nettement tracé. Nous avons fondé une institution qui ne pouvait être parfaite dès son origine, mais qui grandira et se perfectionnera; c'est le désir que nous formons, et nous prenons l'engagement de travailler au développement des Congrès scientifiques avec tout le zèle dont nous sommes capable, mais aussi avec patience et sans précipitation.

(Note de M. de Caumont.)

L'assemblée adopte le projet conçu par M. *de Caumont*, et procède à la nomination d'un président et de deux vice-présidens pour les séances générales du Congrès :

MM. l'abbé *de la Rue*, de Caen, *A. Le Prevost*, de Bernay, et *Jullien*, de Paris, ayant obtenu la majorité des suffrages, sont proclamés, le premier *président*, et les deux autres *vice-présidens*. Les autres voix se répartissent d'une manière inégale sur MM. *Asselin*, de Cherbourg; *de Beaurepaire*, de Falaise; *de Caumont*, de Caen; *de Chénedollé*, de Vire; *de la Chouquais*, de Caen; *Deville*, de Rouen; *Dubourg-d'Isigny*, de Vire; *de la Fontenelle*, de Poitiers; *de Gerville*, de Valognes; *Girardin*, de Rouen; *Lair*, de Caen; *Lange*, de Caen; *Lecerf*, de Caen; *de Magneville*, de Caen; *Maillet-Lacoste*, de Caen; *de la Saussaye*, de Blois.

M. *de Caumont*, correspondant de l'Institut, est nommé, par acclamation, *secrétaire-général* du Congrès.

M. *Auguste Le Prevost*, qui occupe le fauteuil en l'absence de M. l'abbé *de la Rue*, donne lecture d'une lettre par laquelle M. *Guizot*, ministre de l'instruction publique, et député du Calvados, exprime son regret de ne pouvoir se rendre à Caen, pour y présider le Congrès; M. *Guizot* ajoute qu'il s'associera en pensée à ses travaux, et qu'il sera flatté de recevoir le titre de président honoraire.

M. *Guizot* est reconnu par l'assemblée comme *président honoraire.*

M. *Jullien*, après avoir fait sentir l'importance de l'étude de l'économie sociale, pense que le Congrès ne peut pas rester étranger à la science qui, par son application, résume toutes les autres, et propose la formation d'une sixième section, sous le titre d'*Économie sociale.*

Après avoir entendu quelques observations présentées par MM. *Dutrône*, d'Amiens, et *de Magneville*, de Caen, l'assemblée adopte la proposition de M. *Jullien*, et arrête que les sections seront au nombre de six, savoir :

1re section. . . . *Histoire naturelle générale.*
2e — . . . . . *Sciences physiques, mathématiques et agricoles.*
3e — . . . . *Sciences médicales.*
4e — . . . . *Archéologie et Histoire.*
5e — . . . . . *Littérature et Beaux-Arts.*
6e — . . . . *Économie sociale.*

MM. les secrétaires désignés par le comité provisoire, pour les cinq premières sections, sont agréés par l'assemblée.

M. le comte *de Beaurepaire*, de Falaise, est invité à remplir les fonctions de secrétaire de la sixième section.

MM. les secrétaires inscrivent les noms des membres qui désirent faire partie de leurs sections respectives.

Ces opérations préliminaires étant terminées, M. le comte *de Beaurepaire* obtient la parole, et prononce le discours suivant, *sur l'utilité politique des associations non politiques, formées par les savans et les littérateurs.*

MESSIEURS :

« La conscience des efforts que vous avez faits pour arriver aux différentes sommités de la science doit vous inspirer un mouvement de bienveillance et de sympathie pour ceux qui, n'ayant pu, soit à cause des devoirs spéciaux d'une profession publique, soit par suite des différentes vicissitudes attachées aux projets qui occupent la vie humaine, atteindre, comme vous, à ce but élevé, l'ont cependant eu pour objet de leur vénération et de leurs vœux, et ont conçu, à l'égard des hommes distingués ou illustres qui sont parvenus aussi haut, le désir de se rapprocher d'eux, pour rendre hommage à leurs personnes, profiter de leurs leçons, et reconnaître dans leurs travaux, surtout dans les associations dont ces travaux donnent l'idée ou forment l'élément, une source féconde d'avantages pour le pays, et de bienfaits pour la société, au point de civilisation où elle est parvenue.

» L'appréciation de ces avantages et de ces bienfaits

a été long-temps pour moi, Messieurs, un des différens devoirs d'une carrière qui m'appelait, pour le service de mon pays, à signaler, dans les autres états, soit leur condition particulière, soit leurs rapports avec lui.

« Partout j'ai reconnu l'importance et l'utilité politique des associations non politiques, formées par les savans et les lettrés. Toutefois, l'influence de ces associations devient particulièrement salutaire et opportune à l'époque et dans le pays où nous vivons.

« En venant ainsi de points éloignés pour composer une réunion, dans laquelle vous voulez bien admettre ceux qui, comme moi, apprécient la science plus qu'ils ne la possèdent, vous donnez preuve de patriotisme, et faites acte de bons citoyens. Vous faites de la vraie et de la meilleure politique, car la πολις ou cité dont nous sommes membres, a surtout besoin, pour devenir et se maintenir forte, florissante et heureuse, que nous soyons éclairés et unis.

« Donner aux ames ce double lien de la vie sociale fut l'occupation ou la gloire des premiers savans, et des Congrès qu'ils tinrent entre eux ; car, je vous prie de me dire, Messieurs, si ce n'étaient pas de véritables associations de savans, si ce n'étaient pas de véritables Congrès scientifiques, que ces réunions dans les hautes forêts de la Grèce, où les disciples d'Orphée vinrent recueillir, pour les transmettre parmi les hommes, les leçons de la morale, de la médecine, de l'astronomie, de la navigation et des sciences agricoles ? La loi rigoureuse de l'exactitude historique ne me permettrait pas de vous signaler, encore comme Congrès scientifique, ce suprême tribunal de paix et de conciliation, qui, plus tard, s'établit dans la Grèce, sous le nom de Conseil des Amphyctions. Toutefois, je vous prierai de vous rappeler, d'un côté, qu'on députait à ce Congrès le plus sage; de l'autre, que le renom et l'autorité de sagesse se donnaient surtout à la science; tellement que les Grecs, avec toute la richesse de leur vocabulaire, n'avaient pas deux termes différents pour désigner le savant et le sage, et les confondaient par une seule et même expression σοφος :

« Le caractère plus ou moins théocratique des sociétés anciennes, donnait assez naturellement à des hommes moins initiés encore que vous ne l'êtes aux grands mystères de la nature, un genre d'autorité divine qui leur assurait une influence directe sur la conduite des affaires publiques; cette autorité a diminué et cessé à mesure que la science, ouvrant généreusement les portes du sanctuaire où elle était cultivée par ses adeptes et adorée par la foule laissée en dehors, est descendue de son piédestal, pour se mettre plus à portée, et se placer au service de l'humanité.

« Dans notre état social, tel que la marche du temps l'a successivement préparé, tel qu'une secousse de quarante ans l'a violemment tranché, il n'y a plus de prestige pour rien; il y a mesure d'appréciation, et, pour ainsi dire, aunage pour tout; la science se jette dans la balance commune, et est assujettie, comme chose ou marchandise vulgaire, à la grande et uniforme règle de l'utilité.

« Par malheur, il est des temps d'agitation morale où cette règle est détournée de son vrai sens et de son application réelle; où les esprits, entraînés par une préoccupation soi-disant politique, s'égarent sur les notions de l'utile, vont le chercher dans les petites satisfactions du jour données à leurs passions, à leur imagination ou à une curiosité trop souvent stérile pour le pays. Il est des temps où les hommes comme vous, Messieurs, occupés de recherches fécondes en résultats heureux pour la vie des individus ou des peuples, proposent à leurs concitoyens de s'éclairer sur les besoins spéciaux et pressans de la communauté, sur les questions qui touchent immédiatement à l'amélioration de la fortune publique, à l'extension de l'aisance au dedans et au soulagement du commerce.

« Pour éluder et tromper une si sage et importante initiative, on se retourne sur de prétendues affaires d'urgence, telles que sont les débats extérieurs agités dans la feuille du jour; on quitte en quelque sorte son pays pour s'en aller, comme les convives de Boileau,

« Régler les intérêts de chaque potentat. »

« Ainsi, nous voyons placer en première ligne, et hors de pair, des intérêts étrangers que nous ne gagnons rien à faire l'objet d'une attention trop exclusive et cependant incomplète, tandis que, tous, nous gagnerions beaucoup à reporter plus sérieusement cette attention, avec un commun concours de notre part, sur nos intérêts directs, prochains, intimes, sur le perfectionnement de l'état moral et matériel de la France. Pour cela, Messieurs, il faut que vos leçons germent et portent fruit dans les cœurs; il faut que le goût des sciences utiles,—

et toutes les sciences peuvent et doivent être utiles,
— se répande sur le sol comme un doux et salutaire
parfum ; il faut, surtout, que l'esprit d'indulgence, de
conciliation, de vraie philanthropie et de patriotisme
éclairé, que vous puisez dans l'amour pur et désintéressé
de la science, s'insinue chez les Français par votre
exemple et par le contact avec vous, et prépare ou faci-
lite sur d'autres questions un rapprochement dont des
réunions comme celles-ci donnent un avant-goût et font
apprécier le charme, en confondant momentanément,
dans la même enceinte, des hommes qui doivent à ce
concours l'honneur de se connaître et la satisfaction
de s'inspirer une mutuelle estime. Se rechercher et s'ac-
cueillir en frères fut toujours l'heureux partage des vrais
savans et des vrais amateurs de la science; qu'elle nous
serve donc à répandre et à généraliser le même sentiment, en nous mettant en mesure de former, par des
Congrès dont celui-ci aura ouvert le cycle, un grand
noyau d'union et de confraternité pour le pays.

« Votre action ne pourra devenir assez forte pour
produire un résultat aussi pleinement satisfaisant, que
si, dans vos laborieuses et doctes recherches, vous vous
occupez toujours d'arriver à un but utile pour les
hommes et avantageux pour la société, et si vous entre-
tenez et propagez l'esprit d'association.

« Je ne me permettrais pas de vous adresser ainsi une
double observation, qui ressemble à un conseil, si je
n'avais dû m'apercevoir, s'il n'était pas ici évident à
tous les yeux, que vous avez prévenu les vœux que je
viens d'émettre. D'un côté, les sciences que vous profes-

sez marquent leurs progrès par ceux qu'elles font faire
aux différentes industries humaines; de l'autre, votre
présence ici, indiquant assez le motif de l'adieu momen-
tané que vous avez dit à vos foyers, montre à tous
le prix que vous mettez à encourager le goût d'une
commune coopération [1].

« Ainsi, nous voyons le goût de la science et l'esprit
d'association se prêter un mutuel appui. Accord convenable et nécessaire entre eux; car ils ont à lutter contre
les mêmes obstacles, qui sont, d'un côté, cette préoccupation des esprits dont j'ai plus haut signalé quelques
symptômes; de l'autre, cette sorte de monopole intellectuel que semble réclamer et exercer la capitale. Pour
lutter contre cette dernière exigence, aucune société
littéraire ou scientifique de province ne se trouve en
mesure, ne se trouve de taille; toutes, paralysées par
le peu d'action qu'elles exercent autour d'elles, par le
peu d'influence que les grandes localités où elles peuvent siéger possèdent dans la sphère même d'intérêts
provinciaux dont elles sont le point central et le foyer
naturel, n'ont confiance ni en elles-mêmes ni en leurs
œuvres, et elles doivent désirer une force de cohésion,
dont l'assemblée devant laquelle j'ai l'honneur de parler,
semble, par son organisation même, être appelée la
première à indiquer le véritable élément.

[1] Ici l'orateur, comme il le fit, quelques jours après, dans les paroles
prononcées par lui à la clôture du Congrès, s'étendait sur le mérite de
quelques noms, qui se sont trouvés être plus particulièrement ceux
des membres choisis pour siéger au bureau. Ceux-ci, appelés aujour-
d'hui à prononcer sur l'impression de ces deux discours, ne croient
pas devoir insérer ainsi des expressions flatteuses, plus justement
dues à tant de leurs savans confrères.

« Sans doute, Messieurs, la lutte est difficile; elle est inégale, peut-être; mais ici, l'honneur et le prix du combat ne sont pas uniquement dans un succès complet et digne de la cause.

« Permettez-moi de vous citer un exemple tiré de cette province, celui de l'*Association normande* [1], que le même savant [2] dont la voix vous réunit en Congrès, a formée, pour appeler toutes nos intelligences et toutes nos volontés au secours de tous nos intérêts et de tous nos besoins. Occupés que nous sommes, comme artisans de cette œuvre, à répandre le bienfait de l'application des sciences que vous professez, nous trouvons notre récompense dans un patriotique suffrage tel que le vôtre. Soutenus par la conscience, par le sentiment du devoir et par l'amour de notre commune patrie, nous ne sommes jamais trompés dans nos efforts; nous ne sommes jamais dupes, parce que nous ne faisons pas tout dépendre des applaudissemens qui s'attachent à une réussite éclatante, parce que nous tenons à honneur de porter par les bourgs et villages, autant que possible, le goût et l'usage des utiles perfectionnemens dont vous dotez nos arts domestiques et notre existence sociale, parce que, comme vous le faites vous-mêmes, dans une

[1] « Le but de l'*Association normande* est d'encourager les progrès de la morale publique, de l'enseignement élémentaire, de l'industrie agricole, manufacturière et commerciale, etc. » (Réglement constitutif de l'Association, art. 1er.)

Sur les progrès et les travaux de cette association, voyez la *Revue normande*, recueil publié chez *Chalopin*, à Caen; *Frère*, à Rouen; et *Lance*, à Paris.

[2] M. de Caumont.

sphère plus haute, nous tenons à honneur de payer à la société notre dette, que nous tenons à sauver notre responsabilité du mal qui pourrait germer ou éclater dans le sein du pays, ou même du mécompte qui pourrait survenir dans la somme des biens dont la main du Créateur avait, pour notre patrie, ouvert la source.

« Les associations locales dont ce Congrès, et ceux qui le suivront, doivent, avec grand avantage pour la société, encourager et diriger le zèle, sont les auxiliaires naturels, et souvent les propagateurs indispensables de vos différentes recherches dans le vaste domaine des sciences. Beaucoup de ces sciences, Messieurs, ont besoin de se répandre dans le pays et de s'infiltrer dans la vie du peuple; le meilleur moyen, je pense, pour y parvenir, est d'avoir des associations comme les nôtres, éclairées et guidées par des Congrès comme le vôtre.

« Je citerai notamment une science dont il a été de mon devoir de m'occuper; une science qui tend à rendre l'aisance aussi générale que possible; une science qui, comme je l'entendais dire en Angleterre, s'est assise sur le banc de la Trésorerie le jour où ce pays est entré dans les véritables voies de la richesse et de la prospérité publiques : l'*Économie politique*. Cette science, Messieurs, a mis au jour des questions qui, grâce à elle, ne font plus question; là-dessus, les professeurs ont écrit et parlé : il faut, sur ces points spéciaux et importans, passer maintenant, de l'abstraction du livre et de la chaire, à la réalité de la pratique et à la popularité des conséquences; il faut qu'ici, comme en Angleterre, la tâche de l'autorité soit rendue facile et possible, par une opinion publique éclairée; il faut que des associations, formées sous les auspices de la science, fassent naître en France, dans les esprits, une disposition sans laquelle aucun gouvernement ne peut aisément satisfaire à deux grands besoins des états modernes, l'économie des deniers publics et la facilité des échanges entre les peuples.

« Plus la France éprouvera le besoin de voir se consolider les formes politiques qui, depuis vingt ans, assurent aux citoyens la participation aux affaires du pays, plus sera salutaire l'action que pourront ainsi exercer les réunions qui, sous le nom d'*Associations*, de *Congrès*, ou autres, iront semer sur leurs pas et faire fructifier les notions utiles.

« Déjà les sociétés provinciales pour la recherche des antiquités continuent de remplir une grande et importante tâche, en environnant les traditions et les vieux monumens de France d'un respect qui a fini par s'étendre et qui s'implante dans le pays. La *Société des Antiquaires de Normandie*, en jetant d'ici le cri de détresse qui a contribué à sauver le temple de Saint-Jean de Poitiers, a éprouvé que les voix qui plaident pour notre gloire architecturale ont de l'écho et du retentissement en France. Et en effet, loin qu'on entende rire encore des amateurs et commentateurs du celtique et du gothique, voilà qu'enfin la vaine et capricieuse mode, du haut de son trône parisien, s'abaissant jusqu'aux traditions, aux vieilles gloires et aux vieilles idées de nos provinces, commence à s'incliner avec nous devant le moyen-âge, à lui rendre un culte réparateur et expiatoire, à vénérer ses restes comme de précieuses reliques, et à le préconiser lui-même comme le temps classique de la patrie.

« Les associations, les congrès, qui jetteront un nouveau jour sur l'époque chrétienne et nationale dont le treizième siècle a vu l'apogée, et favoriseront ainsi un rétablissement de nationalité dans les arts et dans les lettres, rendront à la Société dont nous faisons partie un service bien plus signalé que celui dont Horace félicitait sa patrie :

« Nec minimum meruere decus, vestigia græca
« Ausi deserere et celebrare domestica facta.

« Dans un temps qui, comme le nôtre, porte un caractère d'essai, de transition et de renouvellement, il est tout simple que le génie du mal dispute au génie du bien la direction des esprits et l'empire de l'intelligence; il est tout simple que le domaine paisible et sacré des travaux de l'esprit soit profané et souillé par la lutte, et que cette affligeante violation du sanctuaire ait surtout lieu dans le tourbillon d'une vaste capitale. Là, les arts, les sciences, les lettres, sont trop souvent mis en trafic et à l'encan, envahis et exploités par des spéculations de comptoir et un agiotage de bourse; on les change d'étiquette ou d'apprêt, selon qu'une couleur est plus au goût de la foule et rapporte plus d'argent; on fait du vrai ou du faux, du pur ou de l'impur, selon que, pour le public des théâtres ou des magasins de lecture, le scandale est à la hausse ou à la baisse.

« Que faut-il faire, quand les intelligences et les

esprits en sont ainsi revenus au point que déplorait le poète romain :

« . . . . Animos et cura pecúlî
« Cùm semel imbuerit ? »

« Il faut s'entendre et se réunir pour venir au secours de la patrie et de la civilisation; il faut savoir profiter du moment où la littérature, qui met en scène tous les produits, scientifiques et autres, de l'esprit humain, montre, comme aujourd'hui, à l'aspect de la licence qu'elle a étalée, un mouvement de honte et de regret, et fait sur elle-même un salutaire retour.

« Le temps est venu d'entrer sérieusement en lice avec ceux qui font de l'art et de la science sans y croire. Pour cela, c'est surtout à nos provinces de réunir leurs citoyens en associations, en congrès, pour, avec l'assistance des hommes de bien et de savoir qui seront, au milieu même de la capitale, demeurés ou revenus aux bonnes doctrines, fortifier dans le pays et faire par lui prévaloir à Paris ce sentiment grave, consciencieux, désintéressé, qui domine plus généralement parmi nous dans le travail scientifique. Que ce congrès soit le noyau vivifiant d'une grande association française, formée de tous les hommes qui voient dans les sciences, les arts et les lettres un puissant élément de sociabilité dont le Créateur nous a dotés pour le bien de l'humanité, et dont nous devons compte; de tous les hommes, en un mot, qui ont foi à la science et à l'art, foi sincère et féconde parce qu'elle est *basée sur cette autre foi plus haute qui nous dévoile la loi de tous les êtres* [1].

« Que cette association, formée et entretenue dans l'intérêt des principes sociaux, le soit surtout dans l'intérêt de la France, notre patrie, et lui assure les genres de prééminence dont elle peut encore former le désir : la vie intellectuelle de l'Allemagne, l'existence politique forte et éclairée de l'Angleterre. Imitons, de la première de ces contrées, l'idée et l'habitude de congrès comme le vôtre, facilités et appuyés, chez elle, par des universités telles que n'est pas la nôtre ; empruntons à la seconde l'esprit et l'usage de ces associations qui répandent dans son sein tous les bienfaits de la civilisation. Celles que nous formons chez nous ont encore besoin, pour comprendre et remplir toute leur tâche, d'être tour à tour éclairées par ce foyer de lumières qu'une réunion choisie et formée comme celle qui me fait l'honneur de m'écouter peut seule aller faire luire successivement sur nos provinces.

« Vous ferez honneur à ce noble avenir ouvert ainsi devant vous, Messieurs, car j'ai le droit d'espérer que je ne me suis pas trompé dans ma haute appréciation des avantages politiques que la France a droit d'attendre de l'exemple que vous donnez aujourd'hui et de l'application continue que vous en ferez. Elle aura un jour à vous exprimer les sentimens et les hommages de reconnaissance que vous aurez fait naître sur tous les points de son territoire.

---

[1] Joseph d'Ortigues, *Revue Européenne*, t. VI, p. 358.

« En attendant, vous adoptez pour premier théâtre de votre bienfaisante influence une province qui en a elle-même exercé une si honorable sur le progrès des connaissances générales, à l'aide des hommes qu'elle a produits avant vous, et qui, par leur génie, leur zèle ou leur style, ont donné aux sciences, notamment dans ces deux derniers siècles, si glorieux pour elles, un plus vif éclat ou un empire plus étendu : Fontenelle, Vicq d'Azir, Laplace, Vauquelin. Sur un terrain où vous êtes précédés par de pareils souvenirs, et dans une ville où vous serez secondés par le soin qu'on met à leur faire honneur, puissions-nous recueillir et offrir à la commune patrie tous les fruits qu'elle doit se promettre de votre généreuse et patriotique entreprise! Si Dieu permet que ce vœu soit exaucé, vous aurez fait surgir un nouveau trophée du sein de notre sol normand qui semblait avoir épuisé toutes les natures de gloire. »

Après ce discours, qui est écouté avec beaucoup d'intérêt, et qui est vivement applaudi, l'assemblée décide que les réunions particulières des sections auront lieu chaque jour, à compter du 21 juillet, de sept heures du matin à deux heures après midi, et seront immédiatement suivies de la séance générale du Congrès.

Composition des Bureaux.

ASSEMBLÉES

GÉNÉRALES.

Président honoraire. — M. Guizot, ministre de l'Instruction publique, membre de l'Institut, député du Calvados.

Président. — M. l'abbé DE LA RUE, membre libre de l'Académie royale des Inscriptions et Belles-Lettres (Institut de France), professeur d'Histoire à la Faculté des lettres de Caen.

1er *Vice-Président.* — M. AUGUSTE LE PREVOST, de Bernay, membre de plusieurs Sociétés savantes françaises et étrangères, inspecteur divisionnaire de l'Association normande, etc., etc.

2me *Vice-Président.* — M. JULLIEN, de Paris, membre de plusieurs Sociétés savantes françaises et étrangères, fondateur de la Revue encyclopédique, etc.

Secrétaire général.—M. A. DE CAUMONT , correspondant de l'Institut , directeur-fondateur de l'Association normande , secrétaire de la Société des Antiquaires et de la Société Linnéenne de Normandie.

Trésorier. — M. FAUCON DUQUESNAY , D.-M. , secrétaire-archiviste de la Société Linnéenne de Normandie.

SECTIONS.

1º Section d'Histoire naturelle générale.

Président. — M. DE LA FRENAYE , de Falaise, membre de plusieurs Sociétés savantes.

Vice-Président. — M. BUNEL , de Caen, ancien officier de Marine, membre de plusieurs Académies.

Secrétaire. — M. EUDES-DESLONGCHAMPS , de Caen, professeur d'Histoire naturelle , membre de plusieurs Sociétés savantes françaises et étrangères.

2º Section des Sciences physiques, mathématiques et agricoles.

Président. — M. P.-A. LAIR , de Caen, membre de plusieurs Sociétés savantes françaises et étrangères.

Vice-Président. — M. DE LA FOYE , de Caen, professeur de Physique à la Faculté des Sciences , membre de plusieurs Sociétés savantes.

— 23 —

Secrétaire. — M. J. GIRARDIN, de Rouen, professeur de Chimie, membre de plusieurs Sociétés savantes françaises et étrangères, inspecteur-divisionnaire de l'Association normande.

3° Section des Sciences médicales.

Président. — M. DUVAL, de Paris, membre de l'Académie royale de Médecine de Paris.

Vice-Président. — M. HUNAULT DE LA PELTRIE, d'Angers, membre de plusieurs Sociétés savantes.

Secrétaire. — M. LA FOSSE, de Caen, secrétaire perpétuel de la Société de Médecine, membre de plusieurs autres Sociétés savantes.

4° Section d'Archéologie et d'Histoire.

Président. — M. DE LA FONTENELLE DE VAUDORÉ, de Poitiers, conseiller à la Cour royale, secrétaire perpétuel de la Société académique d'Agriculture, Belles-Lettres, Sciences et Arts de cette ville.

Vice-Président. — M. BEAUDOT, de Dijon, ancien magistrat, membre de plusieurs Académies.

Secrétaires. — M. A. DEVILLE, de Rouen, membre de plusieurs Sociétés savantes françaises et étrangères.

M. DE LA SAUSSAYE, de Blois, conservateur de la Bibliothèque publique, membre de la Société des Antiquaires de Normandie.

5° Section de Littérature et des Beaux-Arts.

Président. — M. Asselin, de Cherbourg, ancien Sous-Préfet , président de l'Académie de Cherbourg , membre de la Société des Antiquaires de Normandie.

Vice-Président. — M. Dubourg d'Isigny, de Vire , ancien magistrat, membre de plusieurs Sociétés savantes françaises et étrangères.

Secrétaire. — M. Bertran, de Rouen, avocat, secrétaire de la Société d'émulation , membre de plusieurs autres Académies.

6° Section d'Économie sociale.

Président. — M. l'abbé Daniel , de Caen, proviseur du Collége royal , président de la Société des Antiquaires de Normandie, secrétaire général de l'Association normande.

Vice-Président. — M. Hunault de la Peltrie , d'Angers.

Secrétaire. — M. le Comte de Beaurepaire-Louvagny, de Falaise, ancien Ministre plénipotentiaire, inspecteur-divisionnaire de l'Association normande.

TRAVAUX

DES SECTIONS.

Sciences Naturelles.

I.

MINÉRALOGIE, GÉOLOGIE,

ET PALÆONTHOLOGIE.

M. Eudes-Deslongchamps a lu, au nom de M. Toul-mouche, de Rennes, que des occupations ont empêché de se rendre au Congrès, un mémoire intitulé : *Aperçu minéralogique et géologique du département d'Ille-et-Villaine.*

Les masses minérales qui constituent le sol du département d'Ille-et-Villaine appartiennent aux deux terrains que l'on désigne sous les noms de terrain primitif et terrain de transition. On en reconnaît trois groupes.

Le premier est formé de gneiss, de protogyne, de granite, de leptinite, de micaschiste; il comprend à lui seul près de la moitié de la surface totale.

Le deuxième renferme des micaschistes, des phyllades

communs, amphiboleux, talqueux, maclifères, des diorites, des syénites et des granites.

Le troisième (terrain de transition) se compose de
toutes les roches ordinaires à cette sorte de terrain, mais
en outre, à sa base, d'une formation complexe de phyl-
lade talqueux avec quarz.

Dans le bassin au milieu duquel est située la ville de
Rennes, les quarzites occupent le sommet des coteaux,
les schistes tégulaires, le fond des vallées, comme on
peut s'en convaincre en explorant la colline de Poligné,
qui avait été regardée comme un volcan, jusqu'à l'époque
où des recherches récentes, plus exactes, ont fait connaître que ses produits pseudo-volcaniques devaient être
assimilés aux effets ordinaires des embrasemens des
houillères. En effet, les ampélites de cette localité repo-
sent sur un schiste ardoise pyriteux, parsemé de veines
de chaux sulfatée anhydre ; et tout ce terrain est remarquable par l'abondance des fossiles, surtout dans les
couches au nord de Bain, où l'on rencontre abondamment des Trilobites, Asaphes, Ogygées et Calymènes.

Les thermanthides tripoléennes et les schistes car-
burés de Poligné sont employés dans le pays, les premières comme tripoli, les seconds comme pierre noire
pour les tracés, et sont désignés par ces derniers noms.

De Fougeray à Châteaubriant, en passant par la
Hunaudière, court une autre couche très riche, dans
laquelle se trouvent des Productus, des Evomphales et
des moules intérieurs de Cardite.

A la Meilleraye, se voient des schistes tégulaires, du
fer hydraté, engagé dans l'argile, occupant les points les

plus élevés, traversé par des bancs de phtanite veiné de quarz. Au fond des vallées, se trouve une argile presque pure, reposant sur des lits de grès ferrifère, alternant avec des poudingues de la même roche, vulgairement appelée *renard.*

A Bourg-des-Comptes, au sud de Rennes, on rencontre des psammites, des phyllades passant au stéaschiste, des schistes rouges graphiques, des brèches quarzo-psammitiques, des quarzites rouges contenant du fer hématite, des bancs très épais de schistes tégulaires offrant des traces d'anthracite, enfin du fer sulfaté parfaitement cristallisé. On y trouve aussi des diorites noirâtres contenant du fer sulfuré en cristaux réguliers, des grauwackes avec traces de plomb sulfuré.

A Pléchâtel, se rencontre un quarzite rouge, très dur, renfermant du fer oligiste lamellaire, un autre blanchâtre, un psammite micacé passant à la brèche psammitique, comme dans la localité précédente et celle de Montfort.

Tout le sol de la forêt de Paimpont est formé d'une roche dominante, la grauwacke (psammite schistoïde), composée de grains fins de quarz unis par un ciment argileux coloré en violet foncé, contenant beaucoup d'empreintes vermiculées, aplaties, légèrement contournées, quelquefois en telle abondance qu'elle en paraît toute formée. Le même terrain se continue jusqu'à Montfort, où on rencontre la même roche dans les carrières de la Leunières.

Hédé, au nord-ouest, repose sur le granite, dans quelques portions duquel on rencontre la pinite, tandis que les points les plus bas du sol laissent reparaître les schistes argileux. A une lieue de là, au point de partage du canal d'Ille-et-Rance, se présentent des bancs assez puissans d'argile blanche lithomarge, et une roche composée de fer hydroxidé, à fragmens liés par le talc stéachiste blanc, et enfin une argile chloritique.

Lombourg est l'unique endroit où M. *Toulmouche* ait rencontré, en cailloux roulés et par lits, le quarz agathe calcédoine grossier.

A Antrain, au nord de Rennes, le terrain semble redevenir plus granitique. Cependant, le fond des vallées est encore formé de schistes qui, dans beaucoup de points, sont maclifères. Le granite offre, dans cette localité, une couleur jaune, et son feldspath, en commencement de décomposition, passe à l'état de kaolin.

A Romazi, deux lieues avant, on trouve, dans une grauwacke analogue à celle de Pompéan, du cuivre à l'état de sulfure, de carbonate bleu (bleu de montagne), et de carbonate vert (malachite), mais en trop petite quantité, jusqu'ici, pour qu'on puisse l'exploiter.

Jusqu'à Fougères, les masses minérales continuent à être granitiques, schisteuses et psammitiques ; mais on y rencontre, en outre, la diorite à grains fins.

A Saint-Aubin-d'Aubigné, les quarzites blancs reparaissent çà et là, aux endroits les plus culminans, tandis que les schistes argileux continuent à occuper les plus bas. On a rencontré, dans ce quarz, des veines de sulfure d'antimoine parfaitement pur. A une lieue et demie de là, près du village de Gahard, s'offre un banc calcaire composé de chaux carbonatée lamellaire et granulaire bituminifère, traversée de veines blanches de la même substance. Le fer hydroxidé est aussi très abondant dans tout le voisinage, de même que les micaschites et les phyllades.

A Saint-Germain-sur-Ille, à une lieue au sud de Saint-Aubin, les quarzites, qu'on appelle grès dans le pays, forment des collines très élevées, qu'on exploite en grand, et dans lesquelles on distingue le grès quarzeux blanc et le ferrifère, l'un et l'autre présentant un grand nombre d'empreintes de Productus.

A Liffré, le sol est presque entièrement formé de fer hydroxidé, plus ou moins argileux, reposant alternativement sur des schistes, des psammites et des quarzites.

Châteaubourg, à l'est de Rennes, offre des schistes argileux tégulaires et micacés, des quarz gris-bleuâtres, irisés et sub-résinoïdes, des diorites porphyroïdes, et enfin quelques calcaires coquillers.

A Châteaugiron, on rencontre des eurites, en commencement de décomposition, mêlés, soit au fer hydroxidé, soit à l'épigénique, et des schistes argileux ou micacés.

Retiers, tout-à-fait au sud-est de la ville, repose sur une brèche psammitique formant, avec les schistes ou phyllades rouges, connus dans le pays sous le nom de *pierre d'Argères*, des collines élevées et étendues qui se dirigent vers l'ouest, et traversent les communes du Reil, de Corpsnuds, d'Argères, de L'Aillé, de Gaven, de Bréal et de Talensac, pour rejoindre celles de Montfort et de la forêt de Paimpont. Les autres produits minéralogiques de cette localité sont l'aphtanite, le psammite quarzeux, le micaschiste passant au quarzite micacé, l'anagénite à fragmens schisteux.

Dol, au nord-ouest du département, repose sur une base de granite, dont le mont qui porte le même nom que cette petite bourgade est entièrement formé. La diorite s'y rencontre aussi, dans les vallées, en cailloux roulés. Le fond des vastes marais qu'on est parvenu à dessécher et à défendre contre les inondations de la mer, à l'aide de fortes digues, est une argile de couleur grise ou bleuâtre, et du sable, entre lesquels on rencontre fréquemment des couches de lignite, ou bois bitumineux, recouvertes de sable et de glaise, et, dans plusieurs points, de tourbe. On retrouve, en outre, çà et là, des schistes argileux.

Saint-Malo, ville au nord-ouest de Rennes, est bâtie sur un rocher de granite, dont la chaîne se continue le long du littoral, en courant au nord. On trouve, dans les environs, des syénites, des pegmatites, le mica foliacé argentin, des micaschistes et des psammites granitoïdes.

En général, le bassin de Rennes est presque partout composé de grauwacke terreuse, grise ou verdâtre, et de phyllades tendres. C'est dans la première de ces roches que gissent les filons, autrefois si riches, de la mine de plomb sulfuré argentifère de Pontpéan, analogues à ceux de Poullaouen et de Huelgoët. Dans la même localité, on retrouve encore le zinc sulfuré aciculaire radié, le zinc sulfaté, le fer sulfuré blanc radié passant au fer sulfaté, le plomb sulfuré laminaire, lamellaire, granulé, etc.

On exploite, près du même endroit, au village de
la Chaussairie, un banc calcaire coquiller, offrant des
empreintes de cônes, de nummulites, de calyptrées, de
cérites, de térébratules, etc., dont on fait une excellente
chaux hydraulique.

Dans la commune de Saint-Grégoire, à une lieue
nord de Rennes, on en trouve un autre où les tests coquillers, en grande partie conservés, sont ceux de pei-
gnes, de podopsides, de pétoncles, de cellépores, etc.
On y trouve, en outre, des dents de squales et des côtes
de lamantin? La chaux carbonatée y passe fréquemment
au psammite calcaire. Peut-être ce banc est-il d'une formation contemporaine de ceux que les carriers de Paris
désignent sous le nom de *bancs gris*, caractérisés par la
présence des nummulites et des dents de squales, qui s'y
trouvent seules dans une parfaite conservation, tandis
que les coquilles y sont presque entièrement décompo-
sées, comprimées et à l'état crayeux.

Enfin, on rencontre assez abondamment, à une
lieue au sud-est de la ville, sur la route de Chatillon, le
poudingue auquel on a donné le nom de caillou de Rennes,
qui n'est autre qu'un quarz agate brèche, à fragmens
roulés, liés par un ciment de jaspe rouge. Ce dernier,
lui-même, a été trouvé isolé. Son gisement primitif semble entièrement perdu, car il ne se trouve plus que çà et
là, en cailloux disséminés au milieu d'argiles molles,
sablonneuses ou endurcies.

Quant au sol végétal du département, il est presque
partout argileux; les seules portions qui avoisinent
la mer offrent une terre légère.

Les environs de Paimpont, Liffré, le Châtel et Martigné, possèdent des mines de fer abondantes et d'une exploitation facile, qui alimentent plusieurs forges et hauts-fourneaux.

Une houille de qualité inférieure a été récemment découverte à Châteauneuf, arrondissement de Saint-Malo, et dans une commune aux environs de Vitré.

Les arrondissemens de Rennes et de Redon possèdent des carrières d'ardoises. On trouve aussi, dans le premier, du marbre, du granite, des grès à paver et à aiguiser, du tripoli, de la pierre noire, de l'argile et les poudingues dits cailloux de Rennes, susceptibles d'un beau poli.

Les carrières de Saint-Samson et de Cahot, près Pontpéan, fournissent des pierres d'une très-grande dureté. Elles peuvent être extraites en grandes tables, propres à la construction, à faire des dalles, des couvertures aux conduits et aqueducs. La commune de la Prévotais, près de Guichen, produit un quarzite très dur, employé au pavage de la ville de Rennes.

Il existe encore des tourbières près de Château-Giron et de Pontpéan; enfin, il y a dans le département plusieurs sources d'eaux minérales ferrugineuses, dont le fer est tenu en dissolution à la faveur du gaz acide carbonique, telles que celles de Saint-Servan, de Guichen, de Fougères, de Montfort, de Bécherel et du Tail.

M. de la Fontenelle, de Poitiers, a lu une note ayant pour titre : *Sur un gisement de caoutchouc minéral et de gomme fossile, trouvés dans les mines de houille de la Vendée.*

Séance
du 22 juillet.
—
Note
de M. de la
Fontenelle.

L'auteur rappelle combien les gisemens de caoutchouc fossile sont rares, puisque l'on n'en connaît encore que quatre, le sien compris. Il décrit les caractères que présente le minéral qu'il a recueilli, et qui sont à peu près ceux que le caoutchouc fossile, trouvé dans d'autres lieux, a présentés. Cette substance se rencontre dans les fissures du grès qui sert de mur aux mines de houille. Un échantillon est mis sous les yeux de la section.

L'autre substance est une sorte de gomme-résine jaune verdâtre, demi-transparente, insoluble dans l'eau, fort dure et en même temps fragile, qui brûle avec une flamme rougeâtre. Elle se trouve dans les mêmes mines, mais beaucoup plus rarement. Un morceau est également soumis à l'examen de l'assemblée.

Cette matière, qu'il serait bien important d'analyser, paraît avoir de l'analogie avec le succin ; mais sa rencontre dans les houillères, à une grande profondeur, est un fait qui paraît entièrement neuf pour la science ; les substances minérales, d'aspect gommo-résineux, ayant été trouvées, jusqu'ici, dans les terrains tertiaires ou d'alluvion.

M. *de la Fontenelle*, qui n'a en sa possession que les deux morceaux qu'il a présentés, a bien voulu promettre qu'il en enverrait, pour le cabinet de Caen, aussitôt qu'il pourrait se procurer de nouveaux échantillons. Il a également fait offre d'envoyer, au même établissement, une série de roches et de fossiles relatifs aux houillères du département de la Vendée, dont il est l'un des propriétaires.

Séance
du 25 juillet.

Mémoire
de
M. Girardin.

M. Le Prevost a lu, au nom de M. Girardin, de Rouen, que ses fonctions de secrétaire dans une autre section empêchent d'assister à la séance, un mémoire intitulé : *Examen chimique de l'eau du puits artésien creusé au faubourg Saint-Sever, à Rouen, sous la direction de M. Flachat.*

L'eau a jailli avec beaucoup de force et à la hauteur de 22 pieds, lorsque la sonde est parvenue à 180 pieds de profondeur.

Elle est d'une limpidité parfaite ; elle n'a ni odeur, ni couleur ; sa saveur est fade et douceâtre, et tout-à-fait analogue à celle des eaux des autres puits.

Sa température, en arrivant à la surface du sol, est de 13° cent. ; celle de l'air ambiant étant 7° cent. Sa densité est de 1,0002434, à la température de 4° cent., celle de l'eau distillée étant 1.

Entretenue à l'état d'ébullition pendant long-temps, elle ne laisse déposer qu'une très petite quantité de matière pulvérulente ; elle dissout très mal le savon et le décompose bientôt ; elle cuit difficilement les légumes.

L'auteur entre ici dans le détail très circonstancié des opérations chimiques qu'il a pratiquées pour parvenir à une analyse exacte; l'habileté et la précision bien connues de M. Girardin pour ces sortes de travaux, dispensent de donner un aperçu de ces diverses manipulations et calculs. En voici les résultats.

L'eau du puits artésien de Saint-Sever contient, par litre, 2 gram. 70 de matières salines, dont voici la nature et les proportions :

Chlorure de sodium	1,4835000
— de calcium	0,7335000
— de magnésium.	0,1046395
Sulfate de chaux	0,2600000
Carbonate de chaux.	0,0411950
Acide silicique.	0,0660000
Matière organique azotée.	0,0440000
Chlorure de potassium.	*traces.*
Perte	0,0271655
	2,7000000

La même quantité d'eau contient 4 centimètres cubes de gaz, composés de

Gaz acide carbonique	0, 01
Air atmosphérique	0, 03
	0, 04

D'après cette analyse, il est facile de voir que l'eau de Saint-Sever est, parmi les eaux servant aux usages ordinaires et dont l'analyse est connue, une des plus riches en matières salines ; mais, ce qu'elle offre de plus remarquable, c'est qu'elle renferme précisément les trois substances qui s'accompagnent constamment dans l'eau de mer, c'est-à-dire les chlorures de sodium, de calcium et de magnesium, et surtout une aussi grande quantité du premier. Une pareille composition pourrait faire soupçonner, d'après M. Girardin, ou que la nappe qui alimente le puits de Saint-Sever serait en communication avec les eaux de la mer au moyen de quelques fissures; ou bien, et cette dernière opinion paraît à l'auteur la plus fondée, que cette nappe repose, dans quelques-uns de ses points, sur un sol imprégné de sel marin, ou est entretenue par des sources qui lavent, dans leur trajet à travers les roches, un dépôt de sel gemme.

La grande quantité d'air atmosphérique que contient cette eau souterraine mérite encore de fixer l'attention. On ne peut, sans doute, que former des conjectures sur l'origine de la masse d'eau qui alimente le puits de Saint-Sever; mais la plus probable est de supposer qu'elle pénètre lentement au travers des roches calcaires et marneuses, et qu'elle ne s'arrête que lorsqu'elle a rencontré un banc imperméable, ou du moins qui ne se laisse traverser par l'eau que très difficilement. Dans cette espèce de filtration, fort lente, au travers de roches compactes, l'eau retiendrait donc constamment l'air atmosphérique qu'elle aurait dissous; l'eau contenue dans la plupart des pierres, et connue sous le nom *d'eau de carrière*, serait donc une eau très aérée. L'action de l'eau qui pénètre ainsi les roches calcaires, joue un trop grand rôle dans les phénomènes de la pétrification et de la fossilisation des corps organisés qu'elles renferment, pour que l'on ne doive pas signaler avec soin toutes les données qui peuvent mener à la solution de ce grand problème, sur lequel il reste encore tant de doutes à éclaircir.

M. A. Le Prevost, de Bernay, parle d'un phénomène que présentent, dans quelques localités, des puits assez profondément creusés, mais entretenus seulement par une foule de très petites sources, que l'on nomme dans le Lieuvain *pleureurs*. Ce phénomène consiste en ce que l'eau de ces puits a son niveau beaucoup plus bas pendant l'hiver et le printemps, saisons où l'humidité et les pluies sont les plus abondantes, qu'en été et en automne.

Séance du 25 juillet.
—
Communication de M. A. Le Prevost.

M. *Eudes Deslongchamps* pense que ce phénomène s'explique tout naturellement par la manière dont les eaux pluviales pénètrent dans le sol. Pendant les grandes chaleurs, lors même que les pluies tombent en abondance, une très petite quantité d'eau pénètre profondément, la plus grande partie étant enlevée par l'évaporation. Dans la saison froide, au contraire, l'évaporation n'enlève qu'une très petite partie de l'eau fournie par les pluies ; le reste pénètre lentement dans le sol et les diverses assises de roches perméables ; plusieurs mois s'écoulent avant que l'eau tombée à la surface de la terre soit arrivée à une certaine profondeur. C'est ce qu'on peut observer bien manifestement dans les galeries souterraines de certaines carrières, ou autres exploitations, dont les voûtes sont sèches en hiver, et fournissent au contraire, en été, une assez grande quantité d'eau qui tombe goutte à goutte.

Séance
du 22 juillet.
—
Communi-
cation
de M. de la
Fresnaye.

M. DE LA FRESNAYE, de Falaise, présente à l'assemblée une portion d'os fossile de fort grande dimension, recueilli dans un banc calcaire, à Epone,
près Falaise ; ce n'est qu'une partie de ce qui fut
trouvé par les ouvriers, le reste a été perdu par leur
insouciance. Cette portion cylindroïde, tronquée aux
deux bouts, est évidemment un morceau de fémur,
dont il est à peu près impossible de déterminer ana-
tomiquement le genre, mais qui doit avoir appartenu
à l'une de ces espèces de reptiles gigantesques que l'on
rencontre parfois dans nos terrains jurassiques, et
probablement, vu sa grande taille, à ce lézard fossile
énorme, que les géologues anglais ont nommé *megalosaurus*. La grosseur du fragment pourrait le faire
présumer ; son gisement dans un calcaire analogue à
celui de Caen peut encore fournir une présomption
dans ce sens, puisqu'une dent appartenant, sans nul
doute au megalosaurus, a été trouvée par M. *de Caumont*, dans ce calcaire. (Voir *les Mémoires de la
Société Linnécnne de Normandie*, tome IV, page 207,
pl. 8.)

Séance
du 23 juillet.
—
Communi-
cations
de M. Bunel.

M. BUNEL, de Caen, soumet à la Compagnie un
fort beau poisson fossile, trouvé par lui aux carrières de
la Quaisne (environs de Caen), dans un banc argileux,
à strates très minces, renfermant fréquemment des
masses calcaires, aplaties, situées horizontalement
et fissiles. C'est dans ces sortes de disques calcaires
qu'on trouve fréquemment des débris de poissons ;
mais les poissons entiers y sont fort rares. (Voir *les*

Mémoires de la Société Linnéenne de Normandie, tome IV, p. 242.)

M. *Bunel* annonce qu'il a envoyé un dessin et une description de ce poisson à M. *Agassiz*, de Neufchâtel, qui, comme l'on sait, publie en ce moment un ouvrage général sur les poissons fossiles.

Le même M. BUNEL soumet encore à l'examen de la section un morceau de conglomérat porphyritique, appartenant aux terrains de transition de la série inférieure, et qui renferme des empreintes de trilobites et de productus. Jusqu'ici ces fossiles n'avaient été trouvés, dans nos environs, que dans les grès quarzeux de transition de la même série.

M. EUDES DESLONGCHAMPS, de Caen, met sous les yeux de la section un grand nombre de dessins d'une exécution très soignée, représentant des coquilles fossiles des terrains du Calvados ; il fait part, en même temps, du projet qu'il a formé de décrire et figurer toutes les espèces de coquilles de ces terrains, que ses recherches pourront lui procurer. Les dessins soumis à l'examen de la section ne concernent encore que la plus petite partie de ce que M. *Eudes Deslongchamps* a recueilli, et qu'il évalue à huit ou neuf cents espèces.

Séance du 24 juillet.
—
Communication de M. Eudes Deslongchamps.

La principale difficulté que l'on éprouve dans les déterminations génériques et spécifiques de la plupart des mollusques conservés dans les terrains secondaires, provient de ce que leurs parties caractéristiques sont le plus souvent masquées par des portions de la roche plus ou moins dure où ils sont engagés, et que, d'un autre côté, il est fort rare de les obtenir entiers ou passablement conservés. Il est résulté de cet état d'imperfection comme moyen d'étude, que la plupart des coquilles secondaires n'ont été caractérisées et dénommées qu'approximativement, d'après l'aspect de leur forme générale, soit qu'on les rapportât à des genres ou à des espèces déjà connus, ou que l'on en créât de nouveaux ; rien de précis, rien d'arrêté.

Placé convenablement pour se procurer un grand nombre d'échantillons, M. *E. Deslongchamps* ne s'est pas contenté de recueillir les plus parfaits et comme ils se trouvent dans la nature, mais il a pu parvenir, à force de patience, de travail, et par le moyen d'instrumens appropriés, à dégager entièrement de leur gangue toutes les parties caractéristiques de ces fossiles. Avec des pièces ainsi préparées, il espère pouvoir fournir à la géologie des moyens de détermination plus précis, et à la palæontologie nombre de faits observés avec soin et détails, et presque tous nouveaux pour cette science. M. *Deslongchamps* termine en disant:

« Le plan de mon travail ne peut être développé ici; mais les personnes instruites (et elles sont assez nombreuses), qui ont visité ma collection de fossiles secondaires, se feront aisément une idée, d'après les moyens matériels d'exécution que j'ai rassemblés, du parti qu'il est possible d'en tirer, en les présentant sous un jour convenable. »

M. **Bunel**, de Caen, qui s'occupe avec autant de zèle que de succès de recherches géologiques sur le département du Calvados, convaincu de la haute importance des nivellemens rigoureux pour coordonner les observations ayant pour objet la connaissance de l'écorce du globe, a conçu le projet de soumettre les principales localités de notre département aux mesures barométriques; travail d'une haute utilité et entièrement neuf, puisque deux ou trois points seulement de nos contrées avaient été mesurées, et dans un tout autre but.

Séance
du 21 juillet.
—
Mémoire
de M. Bunel,
sur les nivel-
lemens baro-
métriques.

M. *Bunel* a lu, à ce sujet, un mémoire dans lequel il expose ses moyens d'exécution et comment il espère conduire ses opérations. En développant avec détail les difficultés de plus d'un genre que présentent les observations barométriques, la pensée de notre confrère n'a pas été de chercher à rehausser le mérite d'un pareil travail, mais de bien convaincre ceux qui pourraient faire usage de ses observations, qu'il ne l'a pas entrepris à la légère et sans avoir consulté ses forces, mais en homme qui connaît quels obstacles il aura à surmonter, j'ajoute, et qui saura les vaincre.

En s'adjoignant, pour plus de rapidité et de précision, notre confrère M. *de la Foye*, professeur de physique à la Faculté des sciences de Caen, M. *Bunel* a donné une garantie de plus de l'exactitude de ses résultats.

Dans cette sorte de préambule, qui sert pour ainsi dire de programme aux opérations qu'il se propose de faire et dont quelques-unes même sont déjà terminées, M. *Bunel* fait remarquer combien un nivellement aussi étendu pourra offrir d'avantages relativement aux routes, aux cours d'eaux, aux usines et à tous les travaux dans lesquels on a besoin de connaître les diverses inclinaisons des terrains sur lesquels on doit opérer. Ainsi, quoique le but principal du projet soit purement scientifique, des applications d'utilité directe s'y rattacheront tout naturellement.

Communication de M. Duquesnay.

M. Duquesnay annonce qu'il s'occupe maintenant du nivellement de Port-en-Bessin, dans le but de rechercher quels seraient les moyens les plus avantageux de dessécher des marécages situés dans l'arrondissement de Bayeux ; il propose à M. *Bunel*, qui accepte avec reconnaissance sa coopération, pour cette localité, à la louable entreprise qu'il a commencée.

A l'occasion du mémoire de M. *Bunel*, les membres de la section étrangers au département du Calvados sont priés de donner les renseignemens qu'ils pourraient avoir sur l'état des nivellemens de leurs départemens.

Communication de M. A. Le Prevost.

M. A. le Prevost, de Bernay, rappelle que le département de la Seine-Inférieure a été entièrement nivelé, au moyen du baromètre, par MM. *Delcros*, *Bréauté* et *Passy* ; que le département de l'Eure ne tardera pas à l'être également, grâce au zèle éclairé de M. *Passy*, son préfet, qui vient de faire l'acquisition de six baromètres tous semblables et d'une grande perfection, dont l'un sera manœuvré par lui-même, et les cinq autres par d'habiles ingénieurs et professeurs auxquels il les a confiés.

M. Ragonde, de Cherbourg, fait connaître à la section que des observations barométriques ont été faites dans divers points de l'arrondissement de Cherbourg, par feu M. *Henri de la Roque*; elles avaient pour but de déterminer la hauteur des divers lieux de cet arrondissement au-dessus du niveau de la mer, et de déterminer, jour par jour, les variations de l'atmosphère. Le résultat de ces travaux est déposé dans les archives de la Société académique de Cherbourg.

Le même confrère rappelle que M. *Beautemps-Beaupré* détermine, par des opérations trigonométriques, la hauteur des divers points du département de la Manche, travaux destinés à être insérés dans le *Nouveau Neptune français*.

La section émet le vœu que les personnes capables et à portée de faire des nivellemens barométriques fassent, pour les lieux qu'elles habitent, et dans tous les points de la France où de pareilles opérations n'ont point été pratiquées ou exécutées avec la perfection désirable, ce que M. *Bunel* se propose de faire pour le département du Calvados ; elles rendraient aux sciences un service inappréciable.

M. de Caumont, de Caen, a mis sous les yeux de la section une épreuve non terminée de la carte géologique du département de la Manche, à laquelle il travaille depuis long-temps; il demande à ses confrères les observations qu'ils croiraient devoir lui faire sur les meilleures proportions à donner à sa carte.

II.

BOTANIQUE.

Séance
du 23 juillet.

Communica-
tion de
M. Dubourg
d'Isigny.

M. Dubourg d'Isigny, de Vire, a présenté à la section plusieurs échantillons et un fort beau dessin d'un lichen nouveau pour la France, trouvé par lui aux environs de Vire. Cette communication est accompagnée d'une note descriptive de ce lichen, que sa briéveté et son importance pour la Flore française permettent d'insérer ici textuellement.

Placodium-Gelidium (*Dub. d'Isig.*), crustâ suborbiculari radiosâ rimosâ, in ambitu lobato-crenatâ ; humidâ glauco-virescente, siccâ ochroleuco-cœsiâ, intus viridissimâ : verrucâ centrali crassâ, lobatâ, radiante, rimosâ, fusco-nigricante. Apotheciis sparsis, disco concaviusculo, ruguloso, amœnissimè roseo, demùm lativitio, margine thallode crasso, elevato, integerrimo, dilutiori.

Circà viriam, ad rupes et lapides graniticas, rariùs schistosas adnatum.

Syn. Lichen gelidus. *Linn.*, *Syst. veg.*, 1202. 80. et *Mantissa*, p. 133. — *Dickson, fasc.* 2. — *Ency. méth.* — *Engl. bot.*, *tab.* 699. — *Wahl, Fl. lapp.*, p. 418. Lichen Heclæ. *Gunn, Fl. norw.* — *Fl. dan*, *tab.* 470, *f.* 2. = Lecanora gelida. *Ach.*, 21, § 2 (placodium), nº 117. = Parmelia gelida. *Fries, lich.*, *n.* 99. = Squammaria gelida. *Duby, Bot. gall.*, p. 659, *n.* 5. (Cum falsâ stationis indicatione ; non enim squammaria gelida in herbario Delisiano, certè.)

Descr. § 1. *Caractères génériques.* — Dans la nomenclature du *Botanicon gallicum* de Duby, il appartient évidemment, par ses apothèces, à l'un des trois genres *squammaria*, *placodium* ou *lecanora*; par son thalle, l'absence d'écailles et l'existence de tubes rayonnans, l'excluant à la fois des *squammaria* et des *lecanora*, il se place naturellement parmi les *placodium*; et, s'il est pour Acharius et Fries un *lecanora*, ou même un *parmelia*, il appartient toujours, dans l'un et l'autre de ces genres immenses, à la section des *placodium* élevée par De Candolle à la dignité de genre. Il doit donc aujourd'hui devenir un *placodium*.

§ 2. *Caractères spécifiques.* — La croûte plus ou moins orbiculaire, assez épaisse, d'un diamètre de 5 à 20 millimètres, similaire, uniformément fendillée et rayonnante, offre, dans son contour, des lobes irrégulièrement crénelés, dénués des granulations ordinaires aux *placodium*. Elle les remplace par une verrue centrale, à 3-5 lobes crénelés, offrant, en diamètre, le cinquième environ de celui du thalle, comme lui rayonnante autour du centre commun, comme lui fendillée, mais plus épaisse et comme recouvrante.

Ses apothèces, assez nombreuses autour de la verrue centrale, offrent un disque légèrement concave, faiblement rugueux, muni d'un rebord épais, surtout à leur naissance, élevé et sans aucune crénelure. La croûte mouillée est glauque verdâtre (sèche gris jaune cendré), très verte dans l'intérieur ; la verrue, noirâtre au centre, passant au brun clair sur ses bords; le disque des apothèces, rose vif et brillant dans l'état de jeunesse et de fraîcheur, se ternissant plus tard pour passer au rougeâtre et même au noir; le rebord blanc rosé.

Il croît presque toujours en société, sur les rochers ou les fragmens de granite, rarement de micaschiste, auxquels il adhère de manière à ne pouvoir en être détaché. Distincts et réguliers dans la jeunesse, chacun d'eux, dans son accroissement, circulairement progressif, finit par atteindre ses voisins, et tous ensemble alors, ils ne forment plus qu'une plaque confluente, sur laquelle les verrues toujours persistantes, indiquent seules encore le nombre et les points de départ des individus primitifs.

Connu seulement jusqu'ici sur les montagnes de l'E-cosse septentrionale de la Norwège et de l'Islande, il se retrouve à Vire (Calvados) à 15° d'intervalle, sur les sommités de la bruyère granitique des Monts, sur de longs amas de pierres servant de clôture, mais surtout au fond des carrières abandonnées.

(*Obs.*) Indépendemment de son intérêt comme conquête sur les régions sous-polaires pour la Flore française, le lichen décrit offre, dans sa *verrue centrale*, un fait tranché, unique et singulièrement remarquable.

Quelques *Sticta*, quelques *Parmelia* présentent parfois, accidentellement il est vrai, dans leur complet développement, et surtout dans l'état de stérilité ou de vieillesse, des excroissances variées plus ou moins bizarres, regardées par les uns comme des parasites, par les autres comme des apothèces dégénérées; mais ici cette verrue s'en distingue éminemment par une constance de caractères spéciaux toute particulière. 1° Elle existe sur tous les individus; sa position est toujours centrale; 2° elle naît avec le lichen, se développe avec lui dans une proportion à peu près constante, et par un *mode* qu'on pourrait dire *parallèle;* elle vit et meurt avec lui; 4° elle est indépendante de son état de *fertilité* ou de *stérilité;* la présence ou l'absence des apothèces n'influant en rien sur son existence, son volume ou son étendue. L'ensemble de ces circonstances extérieures tendrait donc à faire croire qu'elle serait plus qu'un accident, c'est-à-dire l'état normal ou une monstruosité constante de l'espèce : mais ce n'est guère qu'à l'examen anatomique, à l'organisation comparée du thalle ou de la verrue, qu'il faut demander une solution complète. Ce sera l'objet d'une seconde communication.

Par un hasard singulier, Madame CAUVIN, du Mans, qui s'occupe depuis long-temps, ainsi que son mari, de la recherche et de la détermination des plantes des localités qu'elle a eu occasion d'habiter, a soumis à la section un lichen trouvé par elle sur les rochers granitiques des environs de Pontivi (département du Morbihan) et qu'elle n'avait pu déterminer. Examen fait de cette cryptogame, on reconnaît qu'elle est de la même espèce que celle que M. *Dubourg* vient de décrire et présenter en nature.

Séance
du 23 juillet.
—
Communication
de madame
Cauvin.

M. CHAUVIN, de Caen, a lu un mémoire intitulé : *Observations microscopiques sur le mode de reproduction de la* Conferva rivularis, L.

Séance
du 22 juillet.
—
Mémoire de
M. Chauvin.

Ce mémoire est précédé de considérations générales sur l'importance que doit offrir l'étude des êtres organisés appartenant aux premiers degrés de l'échelle du règne végétal ou du règne animal. Faisant l'application de ces considérations à la botanique, l'auteur indique les avantages qui doivent ressortir, pour la physiologie des phanérogames, des observations fournies par l'étude des cryptogames. Selon lui, la science aura fait un grand progrès, lorsque la somme des connaissances relatives aux végétaux d'un ordre inférieur permettra d'étudier en procédant du simple au composé.

L'auteur examine ensuite les diverses opinions émises sur le mode de reproduction des espèces du genre *Conferva*, et fait connaître celui qu'il dit avoir observé. Il commence par assurer que les bourrelets extérieurs qui se voient fréquemment dans l'étendue du tube de la *Conferva rivularis*, ne forment point, comme l'a avancé le célèbre M. Vaucher, un appareil organique de reproduction ; et cette assertion repose sur des expériences et des raisonnemens dont il est difficile de ne pas admettre le résultat. Suivant la plupart des algologistes, le principal moyen de reproduction pour les conferves consiste dans une poussière verte qui colore intérieurement les filamens tubulaires dont la plante est constituée. M. *Chauvin* est bien de cet avis ; mais cette matière verte est-elle un moyen de propagation de l'espèce exclusif à tout autre? Il ne le pense point. En effet, les sphérules qu'il a eu occasion d'observer en grand nombre, et dont il a examiné avec attention le développement successif, semblent établir, pour les conferves, une voie de propagation différente de celle que fournissent les atomes de matière verte qui tapissent la cavité tubulaire des conferves, et auxquelles seules on avait reconnu la vertu reproductive.

Lorsque la *Conferva rivularis* semble avoir acquis son entier accroissement, on voit, dit M. *Chauvin*, la matière colorante d'un grand nombre d'articles perdre sensiblement la teinte verte et prendre une couleur bistrée semblable à celle que présentent les bourrelets dont parle M. Vaucher. Cette matière verte s'agglomère en masses de forme sphérique très régulière, et dont le volume, souvent d'un tiers plus fort que le diamètre du tube, en distend les parois jusqu'au point d'en opérer le déchirement ; l'article reste alors d'une transparence parfaite, et ne laisse apercevoir aucune trace de l'issue que s'est pratiquée le globule en question.

Les sphérules, solitaires dans chaque article, ne ma-
nifestent aucun mouvement spontané semblable à celui
que M. *Chauvin* a signalé sur les corpuscules analogues
de la *Conferva zonata*. Ces sphérules, dont la périphérie
est entourée d'un cercle hyalin, quelque temps après
leur émission du filament confervacé, étaient d'abord
exactement remplis par la matière colorante, dont la
condensation laisse voir, un peu plus tard, le pourtour
de la membrane hyaline qui la renferme. Ces corpuscules sphériques ne *vaguent* point librement dans le liquide où vit la conferve ; ils ne tardent point à se fixer,
avec une apparence de constance, sur l'article transparent
d'où ils sont sortis, au moyen d'un pédicule très court,
d'une extrême ténuité et d'une transparence parfaite.
Ces petites vésicules finissent par émettre au dehors la
matière colorante contenue dans leur intérieur ; ils deviennent alors difficiles à distinguer, à cause de leur
transparence. Cette *pulviscule* colorée se rassembla,
dans l'expérience de M. *Chauvin*, de manière à dessi-
ner, au niveau de l'eau, une ligne verdâtre sur les parois d'un vase de porcelaine blanche, dans lequel la
conferve était conservée. Quelques portions de cette
ligne colorée, soumises au microscope au bout de trois
jours, montrèrent des gazons de jeunes conferves, dont
les filamens les plus avancés se composaient de trois articles au plus.

Il paraît donc certain que les sphérules de la *Conferva
rivularis* sont pour elle un mode supplémentaire de mul-
tiplication. On ne peut les comparer exactement aux
zoocarpes du *Tiresias crispa* (Bory), non-seulement par-

ce qu'elles paraissent dépourvues de mouvement, mais encore parce que, au lieu d'un seul individu que reproduit chaque zoocarpe, une de nos sphérules donne naissance à autant d'individus qu'elle renferme de granules dans son intérieur. M. *Chauvin* a cru remarquer que jamais les articles renflés en bourrelets ne produisaient de sphérules.

L'observation de M. *Chauvin* fournit un fait de plus en faveur de l'opinion où il paraît être que la totalité des hydrophytes est douée d'un double organe reproducteur, comme il est manifeste dans les genres *Delesseria*, *Hutchinsia*, etc.

Dans l'espérance d'améliorer de plus en plus les connaissances physiologiques relatives aux cryptogames, M. CHAUVIN propose au Congrès d'engager les botanistes à se livrer à l'examen et à la méditation des questions suivantes :

« 1° Les mousses et les lichens sont-ils susceptibles de revenir « à la vie, après avoir éprouvé, par la dessiccation, la suspension « long-temps prolongée des fonctions vitales ?

« 2° Les algues sont-elles douées des mêmes propriétés ?

« 3° Les algues et les lichens puisent-ils tout ou partie de leur « nourriture par leur point d'insertion appelé *racine?*

« 4° Les algues tronçonnées sont-elles susceptibles de former « un nouvel individu, à la manière des plantes qui se reproduisent « par bouture. »

M. *Chauvin* fait observer que cette dernière question, décidée affirmativement par M. De Candolle, lui paraît, au contraire, d'après ses propres observations, devoir être résolue négativement.

M. Chauvin, de Caen, a lu un mémoire intitulé : *Examen comparatif des Hydrophytes non articulées de la France et de l'Angleterre.*

Séance
du 24 juillet.
—
Mémoire
de
M. Chauvin.

Ce mémoire, écrit dans le but de fournir quelques renseignemens à la géographie hydrophytologique, est consacré à discuter les bases sur lesquelles on a essayé d'établir cette science et à en faire sentir toute l'importance.

Pénétré de l'idée que les hydrophytes n'ont point de véritables racines, M. *Chauvin* trouve que l'on a exagéré l'influence de la roche ou de tout autre corps servant de support aux algues, soit de mer, soit d'eau douce. L'épaisseur de la couche du liquide dans lequel vivent ces végétaux, ne lui paraît pas non plus jouer un rôle aussi considérable qu'on l'a cru ; il produit, à l'appui de ces assertions, un grand nombre de faits et d'observations peu susceptibles d'analyse. Il termine sur ce point en disant que l'étude des hydrophytes est trop peu avancée, pour qu'il soit possible de poser les principes de la géographie de ces sortes de végétaux.

En effet, dit-il, le nombre total des espèces d'hydrophytes répandues dans toutes les mers du globe est d'environ 900, tandis que, sur le littoral de la France, on en connaît environ 400.

On s'est donc trop pressé de généraliser ; il faut commencer par une géographie topographique.

M. *Chauvin* fait ensuite connaître sommairement les richesses algologiques françaises, comparées à celles de la Grande-Bretagne. Afin de procéder rigoureusement, il soumet à un examen critique la validité des catalogues spécifiques anglais et français. Après les avoir réduits à leur véritable expression, il énumère les hydrophytes propres aux eaux douces et salées qui baignent la France; il indique ensuite les espèces particulières à la Méditerranée, enfin celles qui sont propres à l'ancienne province de Normandie. La Flore de M. Gréville *(Algæ Britannicæ)* a été prise comme représentant exactement les productions algologiques de la Grande-Bretagne.

Voici le tableau numérique des espèces authentiques produites par Lamouroux, MM. Duby, Gréville et *Chauvin.*

HYDROPHYTES NON ARTICULÉES.

Pour toute l'étendue de la France, d'après *Lamouroux* 115 esp.

     id.   id.   d'après le *Botanicon Gallicum.* 135

Pour l'Angleterre, d'après M. *Gréville*. 131

Pour toute la France, selon M. *Chauvin*. 162

Réparties ainsi qu'il suit :

Côtes océaniques de France. 141

Normandie. 134

Méditerranée. 20

La Méditerranée n'ayant point été suffisamment explorée, M. *Chauvin* ne peut établir quelles et combien d'espèces océaniennes s'y retrouvent.

En dernier résultat, sur les 162 hydrophytes propres à la France, en ôtant 20 espèces particulières à la Méditerranée et 6 océaniques, il reste pour la Normandie 136 espèces d'hydrophytes non articulées : de sorte que,

tout balancé, notre province est plus riche de 5 espèces
que l'Angleterre entière, de 21 plus que ne porte la
liste de Lamouroux réduite à sa véritable expression, et
le nombre de celles que décrit M. Duby dans le *Botanicon Gallicum*, ne dépasse que d'une unité celui des espèces dont l'existence a été reconnue en Normandie.

D'après l'état d'imperfection, signalé par M. *Chauvin*,
où se trouve encore la Flore marine du littoral français
de la Méditerranée, M. Le Prevost propose :

> « Qu'au nom du Congrès, les botanistes à portée de ce
> « littoral veuillent bien publier ou communiquer les espèces
> « d'hydrophytes non décrites qu'ils auraient recueillies ; qu'ils
> « soient engagés à explorer avec soin ces côtes, dont les pro-
> « ductions hydrophytologiques sont encore imparfaitement
> « connues. »

M. Eudes-Deslongchamps, de Caen, soumet à la
section une espèce de fougère trouvée par lui aux
environs de Caen (bruyères de Mouen), et qu'il pensait
n'avoir point encore été recueillie dans le département
du Calvados. C'est le *Botrychium lunaria*, Sw. On lui
annonce que M. *de Brébisson* a trouvé, l'an passé, cette
même plante aux environs de Falaise. M. *Hardouin* fait
connaître aussi que cette fougère lui avait été communiquée, il y a plusieurs années, par feu M. Lair, ancien
conservateur du Jardin des plantes, et qu'il devait l'avoir
trouvée aux environs du bourg de Caumont. Quoi
qu'il en soit, cette plante, indiquée dans les Flores comme
se trouvant par toute la France, est fort rare dans nos
départemens septentrionaux.

Séance
du 24 juillet.
—
Proposition
de M.
Le Prevost.

Séance
du 22 juillet.
—
Communica-
tion de M.
Eudes-Des-
longchamps.

Séance
du 24 juillet.
—
Communica-
tion de M.
Hardouin.

M. Hardouin, de Caen, soumet à l'examen de la section un nombre considérable de plantes recueillies dans les départemens de l'ancienne Normandie, et particulièrement dans celui du Calvados. Ces plantes peuvent se rapporter à deux séries : 1° les plantes rares dans notre province, mais qui peuvent être communes ailleurs, et qui sont indiquées dans les Flores comme se trouvant dans le Nord de la France ; 2° les plantes communes ou rares dans notre province, mais qui n'étaient indiquées dans les ouvrages de botanique, et notamment dans le *Botanicon Gallicum* de M. Duby, que dans les régions méridionale, occidentale, orientale et moyenne de la France, et non dans nos départemens du Nord [1].

[1] Nous croyons faire plaisir aux botanistes en donnant la liste, quoique un peu longue, des plantes de cette dernière série. On y trouvera un petit nombre d'espèces déjà mentionnées par M. Duby, d'après les botanistes normands ; mais elles proviennent de nouvelles localités, et confirment, par cela même, leur croissance spontanée dans nos climats.

Ranonculus gramineus ; *L.*	Bretteville-sur-Laize (Caen).
Isopyrum thalictroides ; *L.*	Forêt de Cinglais (Caen).
Aconitum napellus.	Prés, à Vimoutiers (Orne).
Corydalis bulbosa ; *Dc.*	Forêt de Cinglais.
— claviculata ; *Dc.*	Falaise et Vire (Calvados).
Fumaria media ; *Lois. not.*	Environs de Caen.
— Vaillantii ; *Lois. not.*	Biéville, près Caen.
Alyssum calycinum ; *L.*	Falaise.
Draba muralis ; *L.*	Côteaux de Mai, près Caen.
Cochlearia anglica ; *L.*	Embouchure de l'Orne.
— danica ; *L.*	Littoral (*rariùs*).
Cakile maritima ; *Scop.*	Sables maritimes.
Malcomia littorea ; *Brown.*	Falaises de la Manche.
Eruca sativa ; *Lam.*	Caen ; fossés du château.
Drosera anglica ; *Huds.*	Prés tourbeux à Carel (Calvados).

Dianthus caryophyllus; *L.*	Caen; vieux murs.
— gallicus; *Pers.*	Dunes des îles Saint-Marcou.
Silene conoidea; *L.*	Caen; dunes d'Oystreham, Sallen*.
— anglica; *L.*	Caen; champs d'Etavaux.
Adenarium peploides; *Raf.*	Caen; sables maritimes.
Althæa hirsuta; *L.*	Caen; coteaux de Caillouet.
Androsœmum officinale; *All.*	Caen; bois de Biéville, Dozulé.
Hypericum elodes; *L.*	Caen; bruyère de Mouen.
— linearifolium; *Vahl.*	Caen; coteaux de Clécy, Mouen.
Geranium pratense; *L.*	Prairies près Valognes (Manche).
Erodium maritimum; *Sm.*	Dunes de la Manche.
Ulex nanus; *Sm.*	Caen; toutes les bruyères.
Genista anglica; *L.*	Caen; bruyères de Mouen, Troarn.
Medicago apiculata; *Willd.*	Moissons autour de Caen.
Trifolium striatum; *L.*	Caen; coteaux de Maltot.
— scabrum; *L.*	Dunes, à Langrune (Calvados).
— maritimum; *Huds.*	Prairies d'Harfleur (Seine-Inf.).
— glomeratum; *L.*	Environs de Falaise.
— subterraneum; *L.*	Caen; coteaux à Mouen.
Lotus diffusus; *Sm.*	Lieux humides à Mouen.
Coronilla minima; *L.*	Caen; pelouses arides.
Vicia lutea; *L.*	Moissons à Langrune.
Lathyrus palustris; *L.*	Marais de Troarn, près Caen.
— nissolia; *L.*	Caen; moissons.
— hirsutus; *L.*	Champs de Lasson, près Caen.
Potentilla comarum; *Scop.*	Marais de Goude, près Falaise, à Vire.
Callitriche pedunculata; *Dc.*	Caen; bruyère de Mouen.
Tamarix gallica; *L.*	Oystreham, Courseulle (Calvados.)
Corrigiola littoralis; *L.*	Mouen, Clinchamps, près Caen.
Tillœa muscosa; *L.*	Falaise.
Umbilicus pendulinus; *Dc.*	Caen; rochers d'Etavaux, Maltot.
Sedum dasyphyllum; *L.*	Falaise.
— anglicum; *Huds.*	Ibid.
Daucus hispidus; *Desf.*	Cherbourg.
Buplevrum tenuissimum; *L.*	Caen; haies à Troarn.
— Var β. nanum; *Dc.*	Caen; champs stériles.
Conopodium denudatum; *Koch.*	Haies et bois; Caen.
Œnanthe peucedanifolia; *Pol.*	Toutes nos prairies.
— crocata; *L.*	Caen; bords des rivières.
Smyrnium olusathrum; *L.*	Fossés du château de Caen.
Galium harcynicum; *Weig.*	Caen; bruyères de Mouen.
Cineraria palustris; *Retz.*	Marais de Toucques (Calvados).

Inula helenium ; *L.* — Tout le pays d'Auge (Calvados).
— crithmoides ; *L.* — Côtes de la Manche.
Diotis candidissima ; *Desf.* — Littoral du Calvados.
Cirsium anglicum ; *Lob.* — Caen ; marais et bruyères.
Lobelia urens ; *L.* — Bruyères humides , à Mouen.
Campanula hederacea ; *L.* — Ibid.
Erica ciliaris ; *L.* — Bruyères de la Hoguette (Calvados).
Digitalis purpurea ; *L.* — Coteaux de Mai , Maltot, près Caen.
Linaria striata ; *Dc.* — Caen, bruyères de Clécy, Mouen.
Scrophularia vernalis ; *L.* — Caen, prairies de la Laize.
Bartsia viscosa ; *L.* — Bruyères de Mouen, forêt de Cinglais
Sibthorpia europæa ; *L.* — A Vire, à Valognes (Manche).
Salvia verbenaca ; *L.* — Toutes les pelouses.
Utricularia intermedia ; *Hayn.* — A Vire.
Anagallis tenella ; *L.* — Nos marais.
Glaux maritima ; *L.* — Marécages de la côte.
Statice limonium ; *L.* — Embouchure de l'Orne, de la Dive.
— oleæfolia ; *Pourr.* — Côtes de la Manche.
Plantago graminea ; *Lam.* — Marais du littoral, à Oystreham, etc.
Salsola Kali ; *L.* — Toute la côte.
— Tragus. — Dunes à Bernières (Calvados).
Chenopodium fruticosum ; *L.* — Falaises d'Oystreham.
— maritimum ; *L.* — Marécages maritimes.
Atriplex rosea ; *L.* — Toute la côte.
— patula ; *L.* — Courseulle, bords des parcs d'huit.
Hippophae rhamnoides ; *L.* — Dunes d'Oystreham , Merville.
Aristolochia clematitis ; *L.* — Haies du pays d'Auge.
Euphorbia portlandica ; *Dc.* — Sab'es maritimes.
Urtica pilulifera ; *L.* — Langrune , près Caen.
Myrica gale ; *L.* — Sourdeval (Manche) ; Marais-Vernier (Eure).

Hydrocharis morsus-ranæ ; *L.* — Tous nos fossés et marais.
Alisma natans ; *L.* — Fossés à Vire.
Sagittaria sagittifolia ; *L.* — Fossés des prairies.
Zostera marina ; *L.* — Dans la mer , avec les algues.
Orchis laxiflora ; *Lam.* — Caen ; prés marécageux.
— coriophora ; *L.* — Dunes de Cabourg.
Epipactis microphylla ; *Sw.* — A Falaise, à Vimoutiers (Orne).
Malaxis Loeselii ; *Sw.* — Caen ; marais de Blainville.
Ixia bulbocodium ; *β. Duby.* — Cherbourg, Granville (Manche).
Leucoium vernum ; *L.* — Bois à Auvillars en Auge.
Phalangium ramosum ; *L.* — Caen ; coteau de Caillouet.
Ornithogalum nutans ; *L.* — A Bernières (Calvados).

Ornithogalum pyrenaicum ; *L.* — Falaise ; forêt d'Argentan (Orne).
Allium carinatum ; *L.* — Caen ; champs d'Audrieu.
Juncus supinus ; *Roth.* — Bruyères de Bavent, près Caen.
Cyperus longus; *L.* — Caen; prairies à Louvigny, Moueu.
Schœnus albus ; *L.* — Landes à Vire.
Scirpus multicaulis; *Sm.* — Tous nos marais.
— fluitans ; *L.* — Caen ; mares des bruyères.
— triqueter ; *L.* — Bords de l'Orne, de Caen à la mer.
Carex arenaria ; *L.* — Toutes nos dunes.
— hirta ; *L.* — Marais.
— strigosa ; *Good.* — Bois à Falaise.
— biligularis; *Dc.* — Caen ; forêt de Cinglais.
Lagurus ovatus ; *L.* — Dunes de la Manche, à Cherbourg.
Bromus Thominii , *Nob.* Bromus arenarius; *Thomine,* (*Mém. Soc. Linn. du Calvados,* tom. 1, p. 40). — Dunes de Merville (Calvados).
— maximus; *Desf.* — Caen ; sur les murs.
Festuca sabulicola; *L. Duf.* — Dunes du littoral.
Kœleria albescens ; *Dc.* — Dunes de Merville (Calvados).
Poa procumbens; *Sm.* — Talus des parcs d'huitr. àCourseulle
— distans ; *L.* — Littoral du Calvados.
Cynosurus echinatus; *L.* — Dunes de la Manche, vers Cherbourg.
Trachynotia stricta; *Dc.* — Embouchure de la Vire à Isigny (Calvados).
Rottbolla incurvata ; *L.* — Marécages maritimes.
— filiformis ; *Roth.* — A Bernières (Calvados).
Triticum acutum ; *Dc.* — Dunes et marécages du littoral.
— junceum ; *Dc.* — Sables des Dunes.
— Poa ; *Dc.* — Falaise, Vire.
— Rottbolla ; *Dc.* — Courseulle, îles Saint-Marcou.
Hordeum maritimum ; *Vahl.* — Marécages de la côte.
Polypodium dryopteris ; *L.* — Bords des bois à Vire.
Polystichum tanacetifolium ; *Dc.* — Herbages montueux à Dozulé , en Auge.
Asplenium lanceolatum ; *Sm.* — Caen ; roches de Saint-André de Fontenoy.
— marinum; *L.* — Falaises de Carteret, près Cherbourg.
— germanicum ; *Weiss.* — Trouvé à Vire par M. d'Isigny.
Hymenophyllum tumbridgense; *Sm.* — A Mortain (Manche).
Chara obtusa ; *Desv.* — Fossés maritimes (Calvados).

Séance
du 25 juillet.
—
Communica-
tion de ma-
dame Cauvin.

Madame Cauvin, du Mans, présente, en son nom et celui de son mari, une série des plantes remarquables qu'ils ont recueillies dans les départemens du Morbihan et de la Sarthe.

Cette communication a fort intéressé les botanistes. La plupart des plantes recoltées par madame *Cauvin* sont déjà indiquées par les diverses Flores, comme se trouvant dans ces régions de la France.

Il faut en excepter, 1° le *Lotus angustissimus*, L., environs de Pontivi; 2° le *Diotis candidissima*, Desf.; 3° le *Peltaria alliacea*, L., qui n'était indiqué, dans la *Flora gallica* de Loiseleur-Deslongchamps et la *Flore française* de Lamarck et De Candolle, que comme se trouvant en Piémont, aux environs de Fenestrelle. Par suite des changemens survenus dans les limites du territoire français, depuis la publication de ces ouvrages, le genre *Peltaria* se trouvait exclu de la Flore française, et M. Duby (*Botanicon Gallicum*) n'en fait pas mention. M. et madame *Cauvin* l'ont trouvé en abondance sur les murs de la prébende de Saint-Vincent, près du Mans, et, depuis longues années qu'ils fréquentent ou habitent ce pays, ils ont toujours vu le *Peltaria* s'y reproduire naturellement. Plusieurs échantillons de cette intéressante crucifère ont été distribués aux botanistes de la section.

Voilà donc un genre de plantes à réintégrer dans la Flore française.

M. Eudes-Deslongchamps , de Caen , soumet à l'examen de la section plusieurs faits de monstruosité de fleurs.

Séance du 22 juillet.

Communication de M. Eudes-Deslongchamps.

1° Un échantillon de *Pedicularis sylvatica*, offrant sur l'une des divisions de sa tige des corolles bilabiées normales, et sur les autres des corolles régulières en roue (pélories) à cinq et six divisions ; les étamines, au nombre de quatre dans quelques fleurs régulières et de cinq dans d'autres, sont saillantes hors du tube. — Recueillie dans la forêt de Cinglais, le 9 mai 1832.

2° Plusieurs échantillons de *Brassica campestris* (colza), dont toutes les parties de la fleur, calice, corolle, étamines, pistil, silique et jusqu'aux graines, sont changées en feuilles, tout en conservant la position relative que ces parties présentent dans une fleur normale. Monstruosité commune dans nos champs de colza.

3° Un échantillon de *Cardamine pratensis*, dont les fruits, de forme ovoïde et rappelant une silicule, contiennent des pétales au lieu de graines. — Recueilli au marais des Terriers , en 1827.

4° Une branche de rosier de roi, terminée par une fleur presque entièrement avortée, dont le calice est changé en cinq feuilles, différant peu des feuilles normales de cet arbuste, mais dont la position verticillée et quelques rudimens de pétales, situés à leur centre d'insertion , ne permet pas de méconnaître l'origine. Les feuilles ne sont point soudées à leur base ; elles y ont même des stipules adnées bien reconnaissables. —Recueillie en 1833.

5° Une fleur de *Cercis siliquastrum*. La corolle, formée d'un nombre de pétales plus grand qu'à l'ordinaire, est à peu près régulière ; les étamines sont au
nombre de plus de dix ; il y a trois pistils au centre.
— Recueillie en 1833, sur le tronc d'un *Cercis* dont on
avait enlevé, l'année précédente, une branche principale, située au-dessus du point où s'est développée
cette fleur.

6° Une ombelle de *Daucus carotta*. Les pétales sont
tombés ; mais les fruits sont beaucoup plus gros, et
surtout plus alongés qu'à l'ordinaire. Plusieurs de ces
fruits ont une fente longitudinale sur l'un de leurs côtés,
et, du centre de ces fruits ouverts, sort un pédoncule
long de six à dix lignes, portant une ombellule de deux
à quatre fleurs. Les pétales de ces dernières n'ont rien
d'extraordinaire ; mais les styles sont trois ou quatre
fois plus longs que dans les individus normaux. Quoique
encore peu développés, les fruits paraissent devoir
prendre le même accroissement que ceux de l'ombelle
principale.

En soumettant à l'examen des membres de la section
ces diverses monstruosités de fleurs qu'il a recueillies,
M. *Eudes-Deslongchamps* avait moins pour but de satisfaire une simple curiosité, que d'exciter les botanistes
à ne point négliger de recueillir et faire connaître les
cas analogues qu'ils pourraient rencontrer et qui ne
sont pas fort rares, et d'engager ceux qui posséderaient
de pareilles observations à les publier. Un ouvrage où
les faits de monstruosité seraient envisagés sous un
point de vue philosophique, groupés et classés conve-

nablement, où les conséquences à déduire de ces faits et de leur ensemble seraient présentées et appliquées aux phénomènes de l'organisation regardée comme normale, jetterait certainement beaucoup de lumière sur les points encore obscurs de la science des végétaux.

Si quelque chose doit étonner, c'est qu'une pareille entreprise n'ait point encore été tentée. Les botanistes ont souvent fait, dans leurs ouvrages, l'application de quelques anomalies, pour expliquer ou rendre plus sensibles certains points de leurs doctrines; mais aucun n'a essayé un travail d'ensemble et philosophique sur les monstruosités végétales.

Personne n'ignore, néanmoins, l'importante direction qu'ont su imprimer à l'étude des anomalies de l'organisation des animaux, MM. Geoffroy-Saint-Hilaire, père et fils, et quelques autres naturalistes qui ont adopté plus ou moins complétement leurs idées. Les phénomènes de la monstruosité, long-temps considérés comme des jeux, des bizarreries de la nature, envisagés par eux sous un point de vue élevé et philosophique, sont devenus un des moyens les plus précieux qu'il soit donné à l'homme de pénétrer le mystère de la formation et de l'économie des êtres organisés, mystère que la nature semble couvrir, à nos yeux, d'un voile si épais.

A l'occasion des monstruosités végétales, MM. A. Le Prevost et Dubourg-d'Isigny entretiennent la section d'une difformité que présente assez fréquemment

Communications de MM. A. Le Prevost et Dubourg-d'Isigny.

le sapin commun « *Abies pectinata* ». Ses rameaux s'a-
longent, deviennent plus nombreux, s'amaigrissent,
se dépouillent de leurs feuilles et s'entrelacent de la
manière la plus bizarre. Ce phénomène est connu vulgairement, dans quelques localités, sous le nom de
balai des sorciers. Pendant l'été, on trouve ces rameaux malades, couverts de l'*Æcidium elatinum* (Albert.
et Schweis.) qui, probablement, est la cause de ce
phénomène.

Quoiqu'il faille distinguer soigneusement les difformités végétales produites par des plantes parasites
ou des insectes, des monstruosités proprement dites
dont les causes sont bien plus obscures, ces difformités
n'en sont pas moins dignes des méditations des naturalistes. Jusqu'ici on ne les a guère considérées que
par rapport aux plantes parasites qui les occasionnent ;
mais il ne serait pas sans intérêt de considérer ces
diverses transformations des tissus végétaux sous un
point de vue organologique, et un travail *ad hoc* serait
le pendant précieux de celui que l'on peut faire sur la
monstruosité.

M. Le Prevost attire l'attention de la section sur les
dimensions considérables qu'atteignent fréquemment les
ifs « *Taxus baccata*, L. », plantés dans les cimetières
de la plupart des villages de l'ancienne Normandie.
Il en cite plusieurs, creux à la vérité, dont quelques-
uns avaient neuf et même douze pieds de diamètre, et
dans l'intérieur desquels vingt à trente personnes eus-
sent pu se mettre à l'abri. M. *Le Prevost* pense que

les dimensions énormes qu'acquièrent les ifs des cimetières doivent être attribuées, non-seulement à l'âge très reculé de ces arbres, respectés comme une sorte de monument, plusieurs étant aussi vieux que les églises auprès desquelles ils ont été plantés, mais encore à ce qu'ils ont pu profiter extraordinairement de l'espèce d'engrais qu'ont dû leur fournir les générations successives ensevelies autour d'eux.

Madame *Cauvin*, du Mans, fait une remarque confirmative de l'explication donnée par M. *Le Prevost*, en citant deux épines blanches de très grandes dimensions, venues également dans un cimetière. On sait, en effet, que l'épine blanche « *Cratœgus oxyacantha*, L. » ne se développe ordinairement que sous forme de buisson, ou tout au plus d'arbre de médiocre grandeur.

Plusieurs membres entretiennent la section d'un préjugé assez généralement répandu dans les campagnes, relativement à l'emploi économique du bois de l'if. On a cru remarquer que l'usage de meubles, de lits par exemple, faits avec ce bois, occasionne bientôt la mort de ceux qui s'en servent. Quelques faits mal observés ont probablement donné lieu à cette opinion, peu fondée sans doute. Il serait peut-être intéressant de remonter à la source de ce préjugé. — Pourquoi plaçait-on de préférence des ifs dans les cimetières?....

A l'occasion de l'influence que peuvent avoir les bois de certains arbres sur l'homme, M. DE MAGNEVILLE, de Caen, cite celui du *Sophora japonica*, L., arbre naturalisé dans plusieurs parcs de l'Europe, qui occasionne des coliques et des évacuations aux ouvriers qui ont cherché à le travailler.

Séance
du 21 juillet.

—

Communica-
tion de M.
de Brébisson.

M. DE BRÉBISSON, de Falaise, entretient pendant quelques instans la Compagnie d'un phénomène de végétation très curieux, remarqué depuis fort long-temps, mais dont les causes et surtout le développement sont encore peu connus [1].

On rencontre parfois, sur les coteaux les plus arides où les vents et le soleil ont pour ainsi dire consumé les plantes, des cercles réguliers plus ou moins grands, desséchés dans leur centre, mais dont la circonférence présente une zone de belle verdure, contrastant avec l'aspect brûlé de tout ce qui les environne. De pareils cercles se voient encore dans les lieux où l'herbe est généralement verte; mais alors la zone, au lieu d'une verdure plus riche, est au contraire terne ou brunâtre. On connaît dans les campagnes ces cercles singuliers sous les noms *d'anneaux*, *ronds* ou *cercles des fées*. On devine aisément l'origine d'une pareille dénomination : quelque cause surnaturelle paraissait seule capable de produire de tels effets; les fées et leurs danses nocturnes s'offraient tout naturellement à l'imagination frappée de surprise et d'effroi à l'aspect de ces cercles mystérieux. Des personnes moins crédules, mais tout aussi peu

[1] Un Mémoire de Wollaston, secrétaire de la Société royale de Londres, inséré dans les *Trans. Phil.* pour 1807, et traduit en entier dans la *Bibliothèque Britannique*, imprimée à Genève, t. 41, p. 375, traite de ce phénomène, et en donne les mêmes explications que M. *de Brébisson*, qui ne connaissait point ce Mémoire.

fondées en réalité, ont pensé que ces cercles étaient un effet de la foudre, qui aurait frappé le sol et brûlé circulairement l'herbe des prés ou des bruyères. D'autres y ont vu l'indice de sources sous-jacentes, placées à de grandes profondeurs; et les sorciers de village, encore si peu éloignés de nous, se sont quelquefois servis de ce secret pour indiquer à leurs dupes des sources prétendues que leur art chimérique leur avait révélées. La botanique, en nous éclairant sur l'origine des *ronds des fées*, a détruit l'enchantement : au lieu de fées, de source, de la foudre, la cause en est tout bonnement dans la présence de plusieurs espèces de champignons, dont la plus commune est, suivant M. *de Brébisson*, l'*Agaricus geotropus.*

Restait à savoir comment des champignons pouvaient produire ces cercles si réguliers : M. *de Brébisson*, en étudiant ce phénomène pendant plusieurs années, en a saisi le mode de production et de développement.

Un champignon, ou un faisceau de champignons, se développent dans un point du sol; ils meurent après un certain temps, et leurs propagules se répandent à l'entour du lieu où ils s'étaient accrus. En temps convenable, ces propagules se développent circulairement autour de leurs parens détruits; à la place qu'occupaient ceux-ci, l'herbe pousse plus vigoureuse. La seconde génération de champignons meurt, après avoir aussi répandu à l'extérieur de nouvelles séminules qui ne resteront pas infécondes. L'herbe située au centre du cercle déjà bien établi, et dont l'engrais produit par les champignons morts avait favorisé le développement, se dessèche faute d'une nouvelle nourriture substantielle, et la verdure se développe seulement en dedans du cercle agrandi des nouveaux champignons. Le cercle de verdure suit ainsi le cercle de champignons, dont le diamètre augmente suscessivement; voilà tout le mystère. Chaque année, les cercles s'étendent de six à huit pouces, et l'on peut, d'après cette donnée, conjecturer leur âge. M. *de Brébisson* a remarqué, sur les monts d'Eraines, des *anneaux des fées* qui devaient avoir au moins soixante ans. Une autre chose digne de remarque, c'est que ces champignons, qui favorisent si bien la végétation après leur mort, l'arrêtent, ou mieux, la détruisent pendant leur vie. En dehors de la zone de verdure et de celle de champignons qui la bordent, dans les points où les séminules sont tombées, les herbes et même les arbustes sont détruits. Enfin, une circonstance qu'il est encore essentiel de noter, et qui peut servir à expliquer l'incertitude où l'on a été long-temps sur l'origine de ces cercles, c'est que les champignons, ayant une existence assez courte, ne paraissent autour des cercles que pendant la saison favorable à leur développement.

Séance du 24 juillet.

—

Proposition de M. Dubourg d'Isigny.

M. Dubourg d'Isigny entretient la section de l'influence de la nature minéralogique des terrains sur la distribution géographique des plantes. Les opinions des botanistes sont partagées à cet égard : les uns pensent que cette influence, abstraction faite des autres conditions de localités, est presque nulle; d'autres, et M. *Dubourg* est de ce nombre, croient, au contraire, qu'elle est très réelle. Les recherches, à cet égard, ne paraissent pas, à beaucoup près, à **M.** *Dubourg*, faites avec assez de soin et sur une assez grande échelle, pour que l'on puisse décider convenablement la question. Dans l'espérance d'en amener un jour la solution définitive, basée sur de bonnes observations, il fait la proposition suivante :

« Le Congrès appellera l'attention de tous les naturalistes « français sur l'étude comparative de la botanique et de la « géologie, sur l'influence possible des formations géologiques « sur la végétation, et sur l'avantage de constater soigneusement, « dans la description d'un végétal, quel qu'il soit, le caractère « géologique du sol sur lequel il croît, pour jeter les bases d'une « géographie géologique des plantes françaises. »

III.

ZOOLOGIE.

M. de la Fresnaye, de Falaise, président de la section, a lu un Mémoire fort étendu dont voici le titre : *Essai d'une division de l'ordre des Passereaux en trois groupes, d'après la forme des pieds, comme moyen de faciliter la classification des espèces douteuses d'après la forme du bec.*

« Dans la classe des oiseaux, dit **M.** *de la Fresnaye*, l'ordre des Passereaux est si nombreux en espèces, et en même temps si difficile à classer méthodiquement,

Séance du 13 juillet.

—

Mémoire de M. de la Fresnaye.

que les moindres observations tendantes à faire reconnaître des points de contact ou d'éloignement entre les innombrables espèces dont il se compose, ne sauraient être rejetées des ornithologistes, ne dussent-elles servir qu'à attirer l'attention des savans sur quelques-uns de ces points, négligés jusqu'alors.

« Dans cet ordre, la forme du bec varie tellement d'une espèce à l'autre, dans la plupart des genres et des familles, qu'on voit souvent les genres passer insensiblement, des uns aux autres, par des espèces intermédiaires qui laissent dans une incertitude complète sur la place la plus naturelle à leur assigner. Les caractères pris de la forme des pieds m'ont donc paru mériter une attention toute particulière ; et c'est surtout lorsque le bec présente de ces variations de formes tout-à-fait embarrassantes pour la classification, qu'un examen attentif des pieds, des doigts et surtout des ongles, devient indispensable, et peut souvent faire reconnaître à quel groupe il est le plus naturel de rattacher des espèces douteuses. Une étude et des comparaisons attentives de cette partie de l'oiseau sur un assez grand nombre d'espèces que je possède, m'ayant fourni quelques éclaircissemens de ce genre, je crois devoir indiquer les résultats de mes observations. »

Ici l'auteur rappelle succinctement la configuration générale des pieds, et les divers modes de soudures des doigts entre eux que présente cet ordre ; il pense qu'en comparant les pieds et surtout les ongles des passereaux, on peut remarquer trois genres de formes distinctes d'où

dépendent, pour eux, trois différens modes de locomotion
et de nourriture, et auxquels se rattachent plus ou
moins intimement toutes les espèces qui le composent.

En conséquence, M. *de la Fresnaye* forme trois divisions, fondées sur des particularités constantes d'organisation et d'habitudes ; il avertit qu'il est loin de vouloir offrir une nouvelle méthode de classification ; que
son but, en faisant remarquer qu'il existe trois modifications principales dans la forme des pieds des passereaux auxquels correspondent des habitudes diverses,
est de faciliter le groupement des espèces étrangères et
douteuses offrant les unes ou les autres de ces modifications, et de permettre d'augurer par-là qu'elles ont de
l'affinité par leur genre de vie avec telle ou telle de nos
espèces déjà connues ; il fait observer enfin que, dans ces
trois divisions, la forme et la force des ongles devenant
ici tout-à-fait caractéristiques, et cette partie de l'oiseau
n'atteignant ses dimensions normales que lorsqu'il est
tout-à-fait adulte, l'examen de ces parties chez de
jeunes individus pourrait quelquefois induire en erreur.

1re DIVISION. — *Passereaux percheurs.*

Sont, sans comparaison, les plus nombreux ; ils ont la
faculté de se tenir perchés dans une position plus ou moins
horizontale, sur les branches même les plus flexibles des arbres
et des buissons, et de sauter avec agilité de l'une sur l'autre,
mais toujours sur la partie supérieure de ces branches. Si
plusieurs espèces descendent à terre et parcourent le sol pour
y chercher leur nourriture, elles ne s'y tiennent que momentanément ; elles passent toujours la nuit perchées sur les arbres

ou arbustes, y construisent leurs nids, et s'y tiennent même une partie de la journée.

Les passereaux de cette division peuvent se partager en deux groupes.

Les premiers vont rarement à terre ; ils se nourrissent particulièrement de baies et autres fruits mous, d'insectes, de graines. Ils ont les tarses courts et faibles, le doigt externe presque aussi long que celui du milieu, les ongles courbés. Ce sont : nos Pies-grièches d'Europe, les Turdoïdes (*Temm.*), toute la famille des Gobe-mouches, les Échenilleurs, les Choucaris, les Cotingas, les Piauhaus, les Tersines, les Coracines, les Avéranos, les Gymnodères, les Gymnocéphales, les Rolles, les Rolliers, les Drongos, les Loriots[1], les Tangaras, la plupart des Fringilles de nos climats, les Becs-fins sylvains et muscivores de M. Temminck[2] ; enfin les Hirondelles et les Engoulevens.

Les seconds ont les tarses élevés, les doigts robustes, alongés, surtout celui du milieu, qui dépasse toujours de beaucoup les doigts latéraux ; les ongles sont, en général, peu courbés, surtout chez les espèces qui cherchent leur nourriture dans les prairies et les marais.

Ce sont les Merles, les Stournes, les Étourneaux, les Martins, la plupart des Bruans, les Séricules, les Corbeaux, les Pies, les Geais, les Choquards, les Craves, les Caciques, les Troupiales, les Quiscales, les Betaras ou Pies-grièches d'Amérique.

C'est encore à cette section que M. *de la Frenaye* croit devoir rapporter quelques oiseaux à doigts externes et intermédiaires soudés par les trois premières phalanges : les Manakins, les Coqs de roche[3], les Eurylaines et les Eurycères (*Less.*).

---

[1] A l'exception du *L. Prince-Régent*, qui appartient à la seconde section, et dont M. Swainson a formé le genre séricule.

[2] Les espèces qui, telles que le Rouge-gorge, la Gorge-bleue, cherchent à terre des vermisseaux et des insectes terrestres pour s'en nourrir, ont déjà les tarses plus élevés et les doigts plus alongés.

[3] « Le Cotinga-ouette « *ampelis carnifex* », m'a offert, dans la forme « de ses pieds, une telle conformité avec ceux des coqs de roche, qu'en

2me D**ivision**. — *Passereaux marcheurs.*

Composée des espèces qui ne se perchent pas ou très rarement, et dont la conformation des pieds et surtout des ongles
semble s'y opposer; elles ont, en général, les doigts assez robustes, très séparés dès la base; leur doigt antérieur intermédiaire, toujours alongé et dépassant de beaucoup les latéraux,
qui sont courts, surtout l'externe, si on le compare à celui de

« les comparant je n'y ai pour ainsi dire trouvé aucune différence. Comme
« eux, il a le doigt externe soudé avec l'intermédiaire, jusqu'à l'avant-der-
« nière articulation, ce qui ne se trouve chez aucun cotinga; de plus,
« ses tarses sont plus forts que chez aucun d'eux. A tous ces caractères,
« qui le rapprochent des coqs de roche, s'en joint un dernier tout-à-
« fait particulier à ces oiseaux, c'est d'avoir le tarse garni de petites
« plumes dans une partie de sa longueur. La couleur pâle des pattes,
« qui ne se retrouve chez aucun autre cotinga, le plumage lâche, de
« couleur brune et rouge, l'en rapprochent encore. Si l'on compare en-
« suite le bec du cotinga-ouette avec celui des autres cotingas, on
« reconnaîtra sans peine que l'arête supérieure en est plus élevée; que,
« par conséquent, il n'est pas déprimé à la base, mais, au contraire,
« comprimé dans toute sa longueur, et tout-à-fait conforme à celui des
« manakins, avec lesquels il a encore les plus grands rapports par la
« forme de ses ailes, dont les pennes sont si courtes que les primaires
« dépassent à peine les secondaires; ce qui donne à l'aile du cotinga-
« ouette la forme arrondie, voûtée, de celle d'un gallinacé, tandis
« que chez tous les cotingas l'aile est alongée et pointue. Enfin, ces
« ailes offrent une bizarrerie que M. Cuvier indique dans son *Règne*
« *animal*, c'est que la quatrième penne est raccourcie, rétrécie, et
« comme racornie à son extrémité, se courbant fortement en dedans
« à la pointe. La cinquième même, quoique d'une forme à peu près
« ordinaire, est cependant plus courte qu'elle ne devrait l'être, et sa
« pointe se retourne un peu en dehors. Cette particularité est, ce me
« semble, un nouveau point de contact entre notre oiseau et les coqs
« de roche, qui ont la première penne de l'aile brusquement rétrécie
« en forme de fil, à un pouce de l'extrémité, et les manakins, dont plu-
« sieurs espèces offrent aussi dans la forme et la direction des pennes
« de leurs ailes des bizarreries de ce genre tout-à-fait remarquables. »
(*Note extraite du Mémoire de M. de la Fresnaye.*)

tous les antres passereaux. Chez tous, l'ongle du pouce est fort
alongé, souvent plus que le pouce lui-même, droit ou très
légèrement courbé ; les ongles antérieurs sont courts ou alongés, mais, dans tous les cas, toujours très peu arqués et faibles.

On peut distinguer, parmi les passereaux marcheurs, deux
groupes, dont l'un, formé des espèces fréquentant les plaines,
les montagnes ou les forêts, ont les doigts et les ongles plus
courts et plus robustes ; l'autre, réunissant toutes les espèces,
habitant les prairies et les marais, présente des tarses plus élevés, des doigts et des ongles plus alongés et plus grêles.

1er *groupe*. Les Alouettes, les Motteux, les Bruans de neige
et grand montain, les Brèves, les Fourmilliers, les Conophages
(*Vieill.*), le Pinçon aux yeux rouges «*Fringilla erythrophtalma*,
L. 9 »; la plupart des Passerines américaines de Vieillot, le
Mérion bridé de Temminck, le Merle podobé, le Merle flûteur,
le Mérion longibande de Java, les Huppes, le Ménure lyre,
le genre Mégalonyx de Lesson.

2e *groupe*. Les Pipits ou Anthus, les Lavandières, les Mérions,
les Passerines, les Veuves, les Énicures de Temminck, le Gros-
bec croisé « *Fring. cruciger* », le Gros-bec oreillon blanc « *Fr.
ochroleucus* », le Gros-bec oryx «*Loxia oryx*, Lat. », le Jaunoir
ou Gros-bec de Coromandel « *Loxia Lapensis* », le *Loxia igni-
color* (*Vieill.*), les Emberizoïdes de Temminck, l'Étourneau
de la Louisiane.

3 Division. — *Passereaux grimpeurs.*

Ces passereaux peuvent réellement grimper le long des troncs
d'arbres ou des rochers, ou du moins se tenir cramponnés sur
les branches, dans une position plus ou moins rapprochée de
la verticale, quelquefois même renversée. Chez eux, le pouce
et l'ongle qui le termine sont toujours remarquablement longs
et forts, les Picucules exceptés ; mais ceux-ci possèdent, dans
les plumes roides et pointues de leur queue, un moyen de
remplacer l'action moins efficace de leur pouce. Les doigts

latéraux sont toujours réunis, dans une étendue plus ou moins considérable, avec l'intermédiaire, et cette soudure, en contribuant à les maintenir dans une direction moins divergente entre eux, et en ligne directe avec le pouce, semble devoir faciliter le mouvement d'ascension. Le doigt latéral externe est toujours beaucoup plus alongé que l'interne, quelquefois autant que l'intermédiaire.

Deux groupes peuvent être établis dans cette division.

Le premier comprend les passereaux qui grimpent véritablement; ils ont les doigts antérieurs alongés et déliés. Les Picucules, les Grimpereaux, les Sittelles, les Sittines, les Sittines anabaloïdes, les Mniotelles, les Anabates, quelques Synnalaxes, les Becs-fins riverains de Temminck, les thriothores de Vieillot.

Le second renferme les genres et espèces qui se cramponnent plutôt qu'ils ne grimpent; ceux-ci ont les doigts antérieurs assez courts, robustes, mais toujours armés d'ongles très forts et très arqués; le pouce paraît beaucoup plus fort à proportion que chez les autres passereaux. Les Philédons, les Soui-mangas, les Épimaques, les Héorotaires, les Dicées, les Paradisiers, les Mésanges, les Falconelles (*Vieill.*), le Tangara verderoux [1] (*Buff.*), les Langrayen, les OEgytines (*Vieill.*), les Hylophiles (*Tem.*), les Oxyrhynques [2] (*Tem.*), le Promérops à bec rouge « *Upupa erythrorhynchos*, Gmel. ». le Promérops namaquois (*Levaillant*), les Becs croisés, les Pique-bœufs.

---

[1] Sorte de Pie-grièche.

[2] « La brièveté et la force des tarses de *l'Oxyrhynchus flammiceps*
« (Temm.), ses doigts robustes munis d'ongles forts et très courbés, comme
« chez les mésanges, me faisaient soupçonner que cet oiseau, vu la forme
« même de son bec très effilé et en alène à la pointe, était aussi doué
« de la faculté de se tenir cramponné aux branches d'arbres. Une parti-
« cularité que j'ai observée dans l'aile de cet oiseau vient me confirmer
« dans cette supposition : la première penne de son aile a ses barbes
« extérieures transformées en petits crochets de substance cornée,
« roides et résistans au doigt quand on le passe sous l'aile de dedans
« en dehors. Cette particularité, tout-à-fait remarquable, et qui ne se
« retrouve, à ma connaissance, mais d'une manière moins prononcée,

Le Mémoire de M. *de la Fresnaye* renferme un assez grand nombre de remarques et d'observations de détails touchant les mœurs et les habitudes de divers genres et espèces d'oiseaux, qui tendent à confirmer ses idées sur les groupemens des passereaux ; on y trouve également quelques remarques critiques dont les ornithologistes ne manqueront pas de profiter , si M. *de la Fresnaye* veut donner bientôt son Mémoire au public.

Séance
du 25 juillet.
—
Communication de M. A.
Le Prevost.

M. A. Le Prevost fait connaître que, dans la partie du Lieuvin qu'il habite (Bernay, département de l'Eure), le Gobe-mouche « *Muscicapa grisola*, Lin. » , qui y est assez commun, cause un grand préjudice aux éleveurs d'abeilles, en détruisant une immense quantité de ces précieux insectes. Cet oiseau, que les habitans appellent *fraigne*, arrive dans la contrée au printemps et la quitte au mois de septembre. Quelques ornithologistes ont annoncé que c'était aussi un grand mangeur de cerises ; d'autres auteurs plus modernes ont révoqué ce fait en doute. M. *Le Nepveu*, de Bernay, a observé qu'une nichée de ces oiseaux n'a guère reçu d'autres alimens que des

« que chez une autre espèce d'oiseau , l'Hirondelle des jardins (*Temm.*
« *Col.* 161. — 2.), ne peut servir à ces oiseaux qu'à se maintenir dans
« une position verticale , soit sur des troncs d'arbres ou des rochers ;
« lorsque l'oiseau est dans cette position, les ailes légèrement entr'ou-
« vertes, les petits crochets , dont la pointe est alors dirigée en dehors,
« doivent nécessairement , par leur application sur un plan vertical ,
« contribuer à retenir l'oiseau dans cette posture. C'est là, certainement,
« un de ces caractères de forme que la nature n'accorde aux espèces que
« dans un but d'utilité et non comme un simple ornement , tels que les
« huppes de certaines espèces, les panaches des oiseaux de paradis, etc. »
(*Note extraite textuellement du Mémoire analysé.*)

cerises de son jardin, pendant toute la durée de l'incubation. Il serait curieux, suivant lui, de s'assurer si le gobe-mouche exerce les mêmes ravages dans les environs d'Argentes.

M. LE SAUVAGE, de Caen, fait part à la section d'une observation singulière, touchant l'instinct d'une espèce de mammifère qui lui a été communiquée récemment par une personne *digne de foi*, mais dont il ne peut garantir autrement l'exactitude.

Séance du 22 juillet.

—

Communication de M. Le Sauvage.

Cette personne venait d'arracher, dans son jardin, un vieux pied de pervenche, sous lequel une musaraigne avait établi son domicile; elle y était accompagnée de plusieurs petits encore fort jeunes. Détournée à l'instant même de son opération par une circonstance fortuite, cette personne revient, quelques minutes après, pour achever de détruire les hôtes qu'elle venait de découvrir, et dont elle se souciait fort peu. Quelle fut sa surprise, en revenant à la nichée, de rencontrer un atelage d'une espèce toute nouvelle! La mère musaraigne était à la tête, l'un de ses petits la tenait par le bout de la queue, au moyen de ses dents; celui-ci était saisi de la même manière par son frère, qui, à son tour, était également saisi par un autre, et ainsi de suite; la malheureuse mère traînait, pour ainsi dire, à la remorque sa faible famille, pour la soustraire au danger et lui chercher un nouvel asile, dont elle avait un si pressant besoin.

M. *Le Sauvage* communique une autre observation relative au parti que les animaux savent tirer, dans quelques cas, de leur organisation. Un chien avait fait lever, dans un bois, une hôse et ses petits déjà d'une certaine taille ; afin que le chien ne détruisît pas cette nichée, on l'emmena d'un autre côté ; le maître du chien était resté en observation à peu de distance du lieu où la nichée de lièvres mise en émoi devait avoir eu son berceau ; il entend bientôt un bruit semblable au claquement d'un fouet, et découvre, à quelque distance, la cause de ce bruit : c'était la mère des petits lièvres, secouant forte-ment sa tête et faisant claquer ses longues oreilles en les frappant l'une contre l'autre ; les petits, attirés par ce bruit, se rallièrent bientôt auprès de leur mère.

Séance
du 24 juillet.

Mémoire
du M. Blot.

M. Eudes-Deslonchamps a lu, au nom de M. Blot, de Colleville, que des affaires ont forcé de quitter le Congrès, un Mémoire concernant à la fois l'agriculture et l'entomologie ; il est intitulé : *Observations sur une maladie du blé et sur les moyens de l'en préserver.*

L'on voit souvent, au printemps, des pièces de blé qui promettaient de fournir une belle récolte, tromper l'es-poir du cultivateur, parce qu'un nombre plus ou moins considérable des tiges du blé se dessèche et meurt bientôt. On dit alors que le blé a été coupé entre deux terres par des vers. Quels sont ces vers ? on ne les a pas vus.

En plantant des pommiers, au mois de novembre, dans une pièce de terre ensemencée en blé, M. *Blot* re-marqua que beaucoup de jeunes pieds de cette céréale qui furent arrachés, présentaient, attaché à leur graine ramollie, un insecte alongé, l'entourant comme une

sorte d'anneau, et ayant la tête enfoncée entre ses enve-
loppes. C'était de jeunes individus du iule terrestre
« *Julius terrestris* ». Soupçonnant que ce myriapode
pouvait bien être le ver des cultivateurs, M. *Blot* fit des
recherches sur plusieurs pièces de blé et dans diverses
communes : les champs où il avait trouvé des iules en
grand nombre furent tous, le printemps suivant, regardés par les cultivateurs comme très endommagés par
les vers.

C'est avant l'hiver, en octobre et novembre, que le
iule attaque le blé, et ce n'est qu'au printemps, en mars
et avril, que l'on s'en aperçoit. Quoique blessé mortelle-
ment par l'insecte, le blé conserve, pendant l'hiver, les
apparences de la santé, parce qu'alors les mouvemens de
la végétation sont arrêtés par le froid ; mais aussitôt que
la température s'adoucit et que les plantes se réveillent,
le blé, dont la graine a été vidée par l'insecte ou s'est
pourrie à l'occasion de sa morsure, ne pouvant plus vé-
géter, se dessèche et meurt.

Les pièces de blé faites sur des défrichemens de sainfoin,
de trèfle, de luzerne, dans les champs qui sont demeurés
plusieurs années sans être labourés, sont les plus ex-
posés aux iules ; ceux-ci attaquent la graine dès qu'elle
commence à germer.

Aussitôt la venue des gelées, les iules, comme les
limaçons, disparaissent complétement ; alors ils s'enfon-
cent profondément dans des trous, où ils passent l'hiver
engourdis ; mais lorsque les gelées sont un peu fortes la plupart périssent. Les cultivateurs avaient remarqué que lorsque les gelées commencent de bonne heure, les blés sont

préservés des atteintes des vers. On le conçoit aisément, puisque les iules redoutent le froid et cherchent à gagner un asile situé plus profondément que le plan où les semences ont été déposées. Il faut donc, lorsque l'on a des raisons de craindre les iules, ne semer le blé que le plus tard'possible, et donner à la terre un ou plusieurs labours sous l'influence des premières blanches gelées.

A la fin de l'été et en automne, ces insectes sont cachés dans les herbes sèches, les mousses, les petits paquets de racines qui se trouvent à la surface des champs à ensemencer; ils y passent le jour dans une complète immobilité, roulés en spirale et accrochés par leurs pattes à quelque brin d'herbes. D'après cette connaissance, il ne sera pas difficile de s'assurer si un champ qui doit être mis en blé court risque d'être attaqué par les iules; l'on peut encore se mettre à l'abri de leurs dégâts, en faisant ramasser soigneusement et brûler les herbes où ils se retirent pendant le jour.

Séance
du 23 juillet.
—
Communica-
tion de M.
Le Prevost.

M. Le Prevost, de Bernay, après quelques remarques sur l'importance et la difficulté de bien établir la déli-mination géographique des productions naturelles, a fait connaître qu'il a trouvé, aux environs de la pointe de la Roque, un insecte qui n'est connu que pour ha-biter les côtes de la Méditerranée : c'est le *Pogonus pal-lidipennis* (Dej.).

Communica-
tion de M.
de la Fres-
naye.

A cette occasion, M. de la Fresnaye, de Falaise, qui a fait long-temps de l'entomologie son étude favorite, re-marque qu'il a trouvé dans nos départemens du Nord plusieurs insectes regardés comme tout-à-fait méridionaux ; il a recueilli, entre autres, aux environs de Nonancourt, département de l'Eure, dans une localité crayeuse exposée au midi, une espèce de *Cigale*, et l'*Ascalaphus italicus*. Ce dernier lui a fourni l'exemple d'un mode d'accouplement des plus siuguliers : les mâles parcouraient sans cesse d'un vol rapide la pente des coteaux, tandis que les femelles, perchées sur les herbes et arbustes, saisissant l'instant où·les mâles passaient au-dessus d'elles, s'élançaient vers ceux-ci avec la rapidité de l'éclair ; puis, l'un et l'autre accouplés, venaient bientôt se reposer sur les feuilles et les tiges du gazon.

M. RAGONDE, de Cherbourg, a lu une note concernant les collections scientifiques formées depuis peu de temps à Cherbourg, et dont il est conservateur ; il donne particulièrement des détails sur la collection d'histoire naturelle, qui, quoique peu riche, possède déjà plusieurs objets rares et d'un grand intérêt.

Le même membre fait une proposition tendante à engager le Congrès à provoquer la formation de collections des produits naturels des diverses localités de la France, et d'étendre même cette mesure jusqu'aux chefs-lieux de chaque commune.

La section, tout en reconnaissant les avantages que pourrait avoir un plan aussi vaste, pense que l'éducation scientifique n'est pas à beaucoup près assez avancée et assez répandue pour que ce projet puisse être réalisé dans toute son étendue ; en conséquence, le projet de

M. *Ragonde* est, avec son assentiment, modifié de la manière suivante:

« Le Congrès manifestera le vœu que les autorités administra-
« tives supérieures veuillent bien, dans l'intérêt de la science,
« donner leurs soins à ce qu'il soit formé, dans chaque chef-lieu
« de département et d'arrondissement, une collection des objets
« d'histoire naturelle produits par chacune de ces diverses cir-
« conscriptions territoriales. »

Séance
du 23 juillet.
—
Communica-
tion de M.
de Magne-
ville.

M. DE MAGNEVILLE, directeur du Cabinet d'histoire naturelle de Caen, met sous les yeux de la section un magnifique envoi fait au cabinet de Caen, et à l'occasion du Congrès, par M. *Picot de la Mare*, d'objets recueillis dans l'Inde, particulièrement dans le Gange et sur les rives de ce fleuve. Cet envoi consiste en objets tous fort rares et même inédits, mammifères, oiseaux, nids d'oiseaux, œufs, reptiles, poissons, crustacés fort nombreux, fruits, etc. M. *De la Mare*, retenu par des affaires et n'ayant pu se rendre au Congrès, a voulu pour ainsi dire dédommager l'assemblée de son absence en envoyant à la collection publique de Caen un grand nombre des objets précieux qu'il a recueillis dans ses voyages. L'exemple donné par M. *De la Mare* aura sans doute des imitateurs lors des Congrès subséquens, et les villes où ces assemblées se réuniront pourront, sans doute, profiter à leur tour de semblables générosités.

Séance
du 24 juillet.
Pro —
position
de
M. Chauvin.

M. CHAUVIN, de Caen, propose de faire connaître au Congrès général la mission scientifique aux Canaries dont s'est chargé M. *Despréaux*, de Vire, entreprise formée

au moyen de souscriptions particulières. A cette occasion
il dépose la proposition suivante :

« Que le Congrès, dans le but de multiplier et d'encourager
« ces sortes d'expéditions, qui ne peuvent que contribuer beau-
« coup aux progrès de l'histoire naturelle, emploie son influence
« pour recommander aux naturalistes et aux personnes qui s'in-
« téressent aux progrès des sciences naturelles, d'organiser ,
« au moyen de souscriptions, ces sortes de voyages, qui accé-
« léreront, plus que tout autre moyen, la connaissance des
« productions des pays, que les naturalistes sédentaires ne
« peuvent acheter. »

Le Président de la Section ,   *Le Secrétaire de la Section ,*
DE LA FRESNAYE , de Falaise.   EUDES DESLONGCHAMPS.

Sciences Physiques, Mathématiques et Agricoles.

—

I.

MATHÉMATIQUES,

PHYSIQUE ET CHIMIE.

—

Séance
du 22 juillet.

—

Mémoire
de M.
de la Foye.

M. DE LA FOYE communique à la section un mémoire d'un haut intérêt, intitulé : *Description et usage du Psychromètre.*

La perfection qu'on est parvenu à donner aux instru-mens météorologiques atteste les progrès que la science a faits dans ces derniers temps. Malheureusement, il man-quait encore un procédé facile et rigoureux pour déter-miner la quantité de vapeurs aqueuses contenues dans l'atmosphère. En effet, l'hygromètre de Saussure, plus fréquemment employé que les autres instrumens analogues, présente deux défauts auxquels il est impossible de remédier : la facile et prompte altération du cheveu, que l'on ne peut guère remplacer sans changer en même temps la graduation, et l'impossibilité de reconnaître avec lui la tension de la vapeur du milieu dans lequel il est plongé. Il ne remplit réellement que les fonctions d'*hygroscope*. M. Gay-Lussac, et plus récemment M. Melloni, ont cherché à déterminer le rapport qui existe entre ces tensions et les degrés de l'instrument ; mais leurs résultats, obtenus pour une température fixe, ne peuvent être appliqués que dans des circonstances absolument semblables. Les hygromètres à condensation de Dalton, de Daniell, de Pouillet, font connaître très exactement le *point de rosée*, d'où il est facile de déduire la force élastique de la vapeur contenue dans l'air, et, par conséquent, son degré de saturation. Mais l'emploi de ces appareils est long et pénible ; aussi les observations qu'on fera avec eux seront toujours moins nombreuses que celles que l'on fait avec le baromètre et le thermomètre, et cependant, ces trois sortes d'observations doivent marcher simultanément. — Depuis long-temps Leslie avait transformé son thermomètre en hygromètre ; mais ce procédé, si simple et si ingénieux, est tout-à-fait inexact.

Enfin, en 1825, le docteur Auguste, de Berlin, a proposé un nouvel instrument, auquel il a donné le nom de *psychromètre*, et qui réunit au plus haut degré toutes les conditions exigées par la science. Cet hygromètre consiste dans deux thermomètres à mercure, exactement comparés entre eux et marquant au moins des dixièmes de degré. On les fixe sur une monture commune, à quelques pouces de distance l'un de l'autre, de manière à ce que les boules et une petite portion des tubes soient libres. La boule d'un des thermomètres est entourée d'un tissu très fin, dont l'extrémité plonge dans l'eau; l'action capillaire fait monter le liquide, et la boule se trouve constamment humide.

Les observations doivent être faites, autant que possible, à l'ombre, et surtout à l'abri de forts courans d'air, qui hâteraient l'évaporation. Il est évident qu'en faisant abstraction de la chaleur que l'air communique au thermomètre humide, celui-ci baissera jusqu'à ce que la vapeur qui se forme ait acquis une force élastique égale à celle de la vapeur déjà contenue dans l'air; car, plus la température de l'enveloppe humide s'abaisse, plus la tension de la vapeur qu'elle produit diminue; et lorsque cette tension est en équilibre avec celle de la vapeur atmosphérique, le refroidissement cesse; un plus grand abaissement de température provoquerait un dépôt de rosée. Mais la chaleur de l'air se porte sur le thermomètre, et tend à ramener sa température, ainsi que celle de la couche d'eau qui l'enveloppe et de la vapeur qui s'y forme, au même degré que l'air ambiant. De ces deux actions opposées, l'absorption de la chaleur résultant de l'évaporation et l'introduction du calorique de l'air, résulte la stabilité du thermomètre : elle a lieu lorsque la quantité de chaleur qu'il perd est égale à celle qu'il reçoit.

M. *de la Foye* donne des formules très simples pour déterminer avec la plus grande rigueur la force élastique de la vapeur contenue dans l'air, et fait connaître les tables dressées par le docteur Auguste, lesquelles permettent de trouver de suite cette force élastique par la seule inspection du baromètre et du *psychromètre*. Les indications obtenues ainsi par le docteur Auguste ont été comparées avec soin, et dans des circonstances très variées, avec celles données par l'hygromètre de Daniell. L'accord qui a constamment régné entre deux procédés si différens est très remarquable, et prouve l'exactitude des formules employées par le docteur Auguste. Aussi de célèbres physiciens, tels que Erman, Bohnenberger, Meickle, etc., regardent le *psychromètre* comme préférable à tout autre instrument, et il est substitué maintenant en Allemagne aux anciens hygromètres. C'est de lui que M. de Humboldt s'est servi, dans son dernier voyage, pour constater l'extrême sécheresse de certaines contrées de l'Asie intérieure, sous l'influence des vents de sud-ouest.

Malgré l'approbation de tant de savans étrangers, il est à remarquer qu'aucun ouvrage français n'a parlé de cet instrument, d'autant plus précieux qu'il n'augmente pas beaucoup le bagage scientifique du physicien voyageur, toujours muni de thermomètre.

M. *de la Foye* a donc rendu un service signalé aux personnes qui s'occupent de météorologie, en le leur faisant connaître, car la propagation d'un procédé supérieur ou d'un bon instrument adopté à l'étranger, a des conséquences tout aussi avantageuses pour la science, qu'une découverte originale.

Séance
du 24 juillet.
—
Communica-
tion
de M. l'abbé
Hervieu.

M. l'abbé Hervieu, de Falaise, présente un exposé assez détaillé de ses observations météorologiques et de ses opinions sur la cause du tonnerre et des orages. Il annonce que les unes et les autres sont consignées dans un ouvrage manuscrit, à la rédaction duquel il a consacré quarante années de sa vie.

M. Coueffin, de Bayeux, chargé par M. le Président de faire un rapport verbal sur le système que M. l'abbé *Hervieu* a développé, fait la proposition que cet honorable ecclésiastique soit invité à déposer son manuscrit entre les mains de M. le Secrétaire, pour qu'il en soit donné une analyse succincte dans le compte rendu des séances. Cette proposition n'a pas de suite, l'auteur faisant connaître son intention de livrer l'ouvrage à l'impression.

Séance
du 24 juillet.
—
Communica-
tion de M.
Damemme.

M. Damemme, de Caen, présente des considérations sur la trempe de l'acier et le recuit de l'acier trempé. Après avoir indiqué les erreurs qui se trouvent, suivant lui, relativement à ces opérations, dans les différens ouvrages de physique et de chimie, erreurs qui font voir combien la science est encore en arrière sous ce rapport, et prouvent qu'un traité sur la trempe et autres opérations qu'on fait subir à l'acier, serait utile aux ouvriers qui, le plus souvent, n'ont que la routine pour guide, il exprime le désir que la section veuille bien donner de la publicité à certains faits qu'il a observés le premier, et qui se trouvent consignés dans un mémoire qu'il a présenté, en 1812, à la Société d'encouragement de Paris. La section accueille favorablement cette demande, mais en annonçant qu'elle n'entend nullement garantir la véracité des assertions avancées par M. *Damemme*.

Les procédés nouveaux dont cet industriel se dit l'inventeur et dont il réclame la priorité, les faits qu'il prétend avoir observés le premier, sont les suivans :

1º L'alliage de l'argent à l'acier par la fusion ;

2º La soudure de l'acier fondu, soit avec lui-même, soit avec une autre espèce d'acier, soit avec le fer ;

3º L'explication de la formation des grains dans l'acier forgé ;

4º Le procédé pour réparer les aciers altérés par l'excès de feu ;

5º La fabrication des damas par la coulée ;

6º Le procédé pour recuire l'acier forgé par l'immersion ;

7º L'indication de l'accroissement de poids et de densité dans l'acier, par l'opération de la trempe ;

8º L'indication de ce fait : que le tissu de l'acier trempé est plus fin que celui de l'acier non trempé ;

9º La démonstration de cet autre fait : que la reproduction des teintes de l'acier par le moyen du feu est due à la déperdition d'un principe carboneux, l'acier perdant de son poids pendant la chauffe ;

10º Enfin, la découverte du rapport des forces comparées du fer et de l'acier, qui sont entre elles comme les nombres 9 à 16, c'est-à-dire que l'acier offre une résistance presque double de celle du fer.

Séance
du 25 juillet.

—

Mémoire
de
M. Simon.

M. Simon, géomètre en chef du Calvados, présente un aperçu de la topographie de ce département.

. En 1827, une ligne géodésique fut mesurée avec le plus grand soin sur la route de Caen à Falaise, et fixée ensuite à l'est de cette route, presque parallèlement, à deux cents mètres dans les terres, pour affranchir les opérations ultérieures de l'incommodité de la voie publique.

Les extrémités de cette ligne sont situés, l'une, dans le chemin aux Bœufs près Caen, l'autre, sur la butte de Saint-Aignan, et fixées par deux pyramides en maçonnerie de forme quadrangulaire. La première a trois mètres de base et six mètres cinq décimètres de hauteur; la seconde, trois mètres cinq décimètres de base et dix mètres de hauteur.

La ligne dont il s'agit ayant été mesurée deux fois en sens contraire, le premier résultat a

donné . . . . 9,773 m. 6544
Le second 9,773   1583

Différence . . .   o m. 4961

' C'est-à-dire un peu moins d'un
demi-mètre, sur une distance de près
de deux lieues et demie de poste.

. Sa longueur moyenne est de . . 9,773 m. 40635

Cette ligne servira de base à un réseau de triangles de second et de troisième ordres, destiné à lier entre eux les plans cadastraux réduits des communes.

Avec ces élémens, on formera un atlas topographique du Calvados, en 44 feuilles, savoir: 37 cartes cantonnales, 6 cartes d'arrondissement, et la carte générale du département.

Les premières seront à l'échelle d'un pour 30,000; les secondes, à l'échelle d'un pour 70,000, et la carte générale, à l'échelle d'un pour 150,000.

Ces échelles ont été adoptées par le conseil général, eu égard à la configuration des cantons, des arrondissemens et du département, afin que chaque objet pût tenir sur une feuille de papier grand-aigle.

Chaque carte représentera tous les objets que comportera son échelle, sans confusion, et sera, autant que possible, appropriée à tous les services publics.

Le cadastre du Calvados étant très avancé (il finira en 1836), toutes ces cartes seront terminées en 1837. Voici l'ordre dans lequel elles seront exécutées.

.En 1834, les cartes cantonnales et d'ensemble des arrondissemens de Falaise et Pont-l'Evêque.

En 1835, semblable travail pour les arrondissemens de Bayeux et Vire.

En 1836, les cartes cantonnales et d'ensemble des arrondissemens de Lisieux et Caen.

En 1837, la carte générale du département.

D'autres travaux topographiques et statistiques importans se préparent dans les bureaux du géomètre en chef.

Déjà le dépouillement de tous les noms de localités qui figurent sur la carte de Cassini est fait, dans le but de suivre, autant que possible, lors de la rédaction des nouvelles cartes, l'orthographe adoptée par cet astronome célèbre.

Ce travail, long et fastidieux, fait deux fois pour plus

d'exactitude, comprend près de 7000 noms de villes, bourgs, villages, hameaux, fermes, usines, rivières, ruisseaux, forêts, monts, etc., etc.

Tous ces détails sont enregistrés dans l'ordre alphabétique le plus rigoureux, avec l'indication, pour le chef-lieu de commune, de l'arrondissement et du canton dont il dépend ; et pour le hameau, de la région *nord, est*, etc., où il se trouve par rapport au clocher le plus voisin, qui est également désigné. Ce dictionnaire rend les recherches extrêmement faciles sur la carte de Cassini.

La description exacte des cours d'eau par bassin hydrographique, sera faite pour préciser la source et l'embouchure de chacun, en tant qu'ils sont dans le département ; pour indiquer la direction générale du cours et sa longueur développée par territoire communal, puis sa longueur totale ou partielle dans le département, également développée.

Les opérations ci-dessus sont déjà faites pour plus de *six cents* cours d'eau.

Dans cette description, chaque cours d'eau est affecté d'un numéro, qui sera répété sur les cartes. Ce travail n'a encore été fait pour aucun département.

Enfin, M. *Simon* s'occupe d'un dictionnaire topographique du département, qui présentera, par commune, l'arrondissement, le canton, la perception, le contrôle des contributions directes, le bureau d'enregistrement, la cure ou succursale dont elle dépend, sa population, son étendue superficielle, sa division territoriale, les communes limitrophes, la distance de son clocher au chef-lieu de canton d'arrondissement et de département, ses principales natures de culture, sa culture dominante, ses principales dépendances en hameaux, fermes, usines, etc.; plus, la description physique du sol.

Ce dictionnaire, comme les cartes précitées, sera approprié, autant que possible, à tous les services publics.

Tous les travaux ci-dessus désignés s'exécuteront simultanément, et seront terminés en 1837.

La crainte que le travail des nouvelles cartes ne fût tout bouleversé par la loi sur les attributions communales, en ce qui touche la suppression des communes dont la population est inférieure à trois cents habitans, est la seule cause que ces cartes ne sont pas plus avancées pour les arrondissemens de Falaise, Pont-l'Evêque, Bayeux et Vire, dont l'arpentage est terminé. Plus de deux cents communes du Calvados se trouvent dans le cas prévu par la loi dont il s'agit, qui n'a encore été discutée qu'à la chambre élective, et qui ne pourra être sanctionnée que dans la session prochaine. La création de nouvelles communes aurait le même inconvénient que la suppression de celles dont la population ne s'élève pas à trois cents ames. Il importe donc d'attendre que l'administration ait bien fixé le nombre des communes, pourachever le travail des cartes.

La section décide que l'aperçu présenté par M. *Simon* sera inséré au procès-verbal, et qu'il sera présenté au Congrès la proposition suivante :

« Emettre le vœu que les géomètres en chef du cadastre,
« à l'imitation de leur collègue M. *Simon*, géomètre en chef
« du Calvados, fassent,

« 1° La description des cours d'eau par bassins hydrogra -
« phiques, en suivant les progrès du cadastre ;

« 2° Le relevé des noms de localité, suivant la véritable
« orthographe ;

« 3° Enfin, un dictionnaire topographique donnant, par
« commune, le plus de détails statistiques possibles, dans un
« ordre constant. »

M. GIRARDIN, de Rouen, met sous les yeux des membres de la section un spécimen de nouveaux globes terrestres, dits *globes aérophyses* ou gonflés d'air, inventés par MM. *Marin* et *Schmidt*, et destinés à remplacer les sphères lourdes et massives dont on a fait jusqu'à présent usage pour l'étude de la géographie. M. *Girardin* fait ressortir les avantages que présentent ces globes, dont l'exécution ne laisse rien à désirer, tant sous le rapport de la partie matérielle et de l'art, que sous celui de l'exactitude du dessin et des positions géographiques.

D'un prix quatre fois moins élevé que les anciens globes de dimensions pareilles, pouvant être facilement transportés en voyage, puisque vides ils se ploient et n'occupent plus qu'un très petit espace, ces globes lui paraissent être une des plus heureuses applications qui aient été faites, depuis quelques années, en faveur des études géographiques, et il ne doute pas que leur adoption ne contribue à répandre, dans toutes les classes de la société, le goût de ces études, qui rendent des services continuels à l'histoire, au commerce et à la navigation.

La section d'Économie sociale ayant renvoyé à l'examen de la section des Sciences mathématiques un rapport présenté par M. Bunel, sur le barrage des fleuves en général, et en particulier sur celui de l'Orne, ainsi que sur le projet proposé, à cet égard, par M. l'ingénieur *Pattu*, la discussion s'ouvre sur cette question importante. M. *Bunel* expose ses opinions sur les travaux à faire à l'embouchure de l'Orne pour améliorer la navigation entre Caen et la mer. Après des considérations générales, il développe les divers projets qui ont été successivement proposés pour ce dernier objet.

M. *de la Chouquais* fait ensuite un exposé rapide de la marche suivie par l'administration, pour l'étude de ces projets, et ajoute plusieurs observations pour démontrer les nombreux avantages qui résulteront pour le pays de leur exécution.

MM. le comte d'*Yson* et *de Magneville* appuient, par de nouvelles considérations, l'opinion des préopinans, et se joignent à eux pour appeler toute l'attention du Congrès sur une question vitale pour le Calvados et les départemens circonvoisins.

M. *Bunel*, rentrant dans le fond de la question, croit d'abord devoir répondre à l'objection qui avait été faite, dans les bureaux du ministère, à M. *Du Quesnay*, contre le barrage de l'Orne, qui pouvait, disait-on, en retenant les eaux de la rivière, donner naissance à des attérissemens dangereux : que le projet de M. *Pattu* n'est pas destiné à retenir les eaux, puisqu'on conserverait, à l'extrémité du barrage, une ouverture plus considérable que la plus grande largeur de la rivière. Il rappelle ensuite la plupart des objections qui ont été présentées contre ce même projet, qui consiste, en définitive, en un vannage éclusé, placé à la pointe de la Roque, une écluse de navigation à la pointe du Siége, et une digue insubmersible entre ces deux pointes. Il combat successivement ces objections, et s'attache à démontrer que les inquiétudes que ce projet a fait naître sont chimériques, et qu'il offrirait, au contraire, des avantages très réels à la navigation.

Une discussion approfondie, à laquelle prennent part MM. *de Banneville*, *Bunel*, *Cassin*, *Celliez*, *Coueffin*, *de Courdemanche*, *le comte d'Yson*, *de la Chouquais*, *de la Foye*, *Lair*, *de Magneville*, *Pellerin*, *Simon*, *Thomas*, donne lieu à la résolution suivante, que la section soumettra à l'approbation du Congrès :

« Exprimer le vœu que le projet proposé par M. l'ingénieur « en chef du Calvados, pour l'amélioration de la navigation « dans la rivière de l'Orne, et qui consiste en un vannage « éclusé à la pointe de la Roque, une écluse de navigation à « la pointe du Siége, et une digue insubmersible entre ces « deux pointes, soit de nouveau soumis à l'étude, afin de le « voir promptement réalisé, l'exécution de ce projet intéressant « la navigation des rivières en général. »

La section rappelle que ce projet a obtenu l'assentiment unanime des commissions de marins et de commerçans réunis à Caen, à diverses époques, pour le discuter ; qu'il a été également accueilli par la commission nommée en 1830, par le ministre de la marine, et qu'en 1831, une Compagnie fit une soumission qui fut approuvée par le conseil général du département du Calvados.

II.

SCIENCES AGRICOLES.

———

Séance
du 21 juillet.
—
Note
de
M. de la Foye.

M. DE LA FOYE, de Caen, communique la traduction
d'un article extrait des Verhandlungen und Auffätze,
herausgegeben von der K.K. Landwirthschafts-Gesellschaft
in Steyermark, drittes Heft 1821.

Cet article, qui intéresse à un haut degré les amis
de la science agricole, est relatif à l'utilité de l'emploi
des fumigations, contre les gelées qui arrivent à la fin
du printemps et au commencement de l'automne, et
fait connaître ce qui est pratiqué, à cet égard, depuis
long-temps dans la vallée de Lavan (Carinthie).

Depuis les années malheureuses 1814, 1815 et
1816, pendant lesquelles les gelées blanches ont causé
tant de tort aux grains, à la vigne et aux fruits, on a
fait spontanément, sur l'invitation et sous la direction
des autorités, des fumigations, tant au printemps qu'à
l'automne, en employant le procédé suivant, qui est
encore pratiqué :

Les juges de toutes les communes engagent chaque
propriétaire de maison à faire des provisions de vieux
bois et des branchages, pour les allumer à un signal
donné.

Lorsqu'à l'époque de la pousse de la vigne et de la

floraison des arbres fruitiers (fin d'avril et commencement de mai), ou pendant celle du sarrasin (septembre), le thermomètre s'abaisse le soir jusqu'à 4° au-dessus de 0°, que le ciel est serein et sans nuages, les autorités chargent quelqu'un de veiller jusqu'à trois heures du matin. Si, à cette heure, le ciel continue à être pur, et que le thermomètre n'ait pas remonté, on allume quelques feux préparés d'avance, et on sonne les cloches. Ce signal est répété dans toute la vallée, et les juges de chaque commune veillent à ce que tout le monde remplisse son devoir.

Ces feux, composés de peu de matière, mais très multipliés, et entretenus avec des morceaux de gazon, du fumier ou autres corps aussi peu combustibles, remplissent l'air, jusqu'à neuf heures du matin, d'un nuage de fumée qui préserve les plantes, et de l'action de la gelée, et de celle des rayons brûlans du soleil.

A la suite de cette communication, M. *de la Foye* fait sentir l'efficacité de ce procédé, en rappelant la théorie du rayonnement du calorique, dont le docteur Wells s'est ingénieusement servi pour expliquer la formation de la rosée et de la gelée blanche. Une intéressante discussion s'engage sur ce sujet, et donne à MM. *Bunel, Girardin, Lair, Le Prevost, de Magneville*, etc., l'occasion d'exposer leurs opinions à cet égard, et de faire connaître divers faits qui tendent à confirmer la justesse des idées émises par M. *de la Foye*. La section, reconnaissant que le procédé allemand peut offrir de grands avantages, au moins dans le plus grand nombre des localités, croit devoir appeler sur lui l'attention des cultivateurs, et manifeste le désir que la pratique des habitans de la vallée de Lavan soit suivie dans nos contrées.

M. Lair, de Caen, attire l'attention des membres de la section sur la *charrue Grangé*, dont il décrit la construction. Il invite les agronomes présens à émettre leurs opinions sur cet instrument, dont le mécanisme est aussi simple que son emploi paraît être avantageux. Cet appel est entendu, et une discussion longue et sérieuse, à laquelle prennent part la majeure partie des membres de la section, fournit des renseignemens très satisfaisans sur la manière dont cette charrue fonctionne, et les services qu'elle pourrait rendre dans les départemens de l'ancienne Normandie.

Séances des 2; et 22 juillet.
—
Communications de MM. Lair, A. Le Prevost, de la Fontenelle et Girardin.

A la suite de cette discussion, et par une conséquence toute naturelle, M. le président *Lair* engage les membres de la section à faire connaître le nombre et la nature des diverses espèces de charrues adoptées dans les localités respectives qu'ils habitent. Il donne lui-même des détails circonstanciés sur celles qui sont en usage dans le département du Calvados.

M. *A. Le Prevost* décrit celles qui sont employées actuellement dans les départemens de l'Eure et de la Seine-Inférieure, et apprend que le Conseil général de l'Eure a voté des fonds pour qu'un concours de charrues ait lieu dans le courant de cette année, sous la direction et par les soins de la Société libre d'Agriculture d'Evreux.

M. *de la Fontenelle de Vaudoré* fait une communication semblable à l'égard des instrumens aratoires usités dans les départemens de la Vienne et des Deux-Sèvres. Depuis plusieurs années, la Société d'Agriculture de Niort a formé une collection d'instrumens perfectionnés. La Société académique de Poitiers a suivi cet exemple, et le gouvernement a voulu s'associer à ces généreuses entreprises, en dotant cette dernière compagnie savante d'un assez grand nombre d'instrumens sortis de la fabrique de Rôville. Une *charrue Grangé* vient de lui être envoyée tout récemment; elle doit très prochainement en faire l'essai. Cette même Société a institué des concours de charrues, dont les résultats ont été très satisfaisans, et un nouveau doit avoir lieu pendant la session du Conseil général du département. Par suite de la création de ces collections, et du zèle d'un grand nombre de propriétaires agriculteurs instruits, les instrumens les plus perfectionnés se sont multipliés dans les trois départemens du Poitou. On y fait principalement usage de la charrue *Dombasle* pour les terres fortes, et de la charrue américaine pour les terres légères.

M. *de la Fontenelle* expose ensuite son opinion sur les charrues sans avant-train. Bien qu'elles permettent de faire un meilleur labour, et qu'elles exigent moins de force pour le tirage, elles ont, suivant lui, de graves inconvéniens; le premier, de ne pouvoir être dirigées que par des hommes fort experts, et le second, de mal fonctionner dans les terres cailloutenses. En ajoutant un avant-train à la charrue américaine, M. *de la Fontenelle* a fait disparaître ces défauts. Il cite une charrue du nord des Deux-Sèvres, dite *charrue des Aubiers*, dont il se sert avantageusement pour les labours et le sarclage des choux verts, des pommes de terre et autres plantes sarclées.

M. *A. Le Prevost*, répondant à ce que M. *de la Fontenelle* a avancé sur les inconvéniens des charrues sans avant-train, cite l'exemple de M. *Lemarié*, habile agriculteur des environs d'Yvetot (Seine-Inférieure), qui tire un parti très heureux de ces sortes de charrues, et qui les emploie concurremment avec celles qui sont pourvues d'avant-train.

M. *Girardin*, après avoir annoncé que la Société centrale d'Agriculture de la Seine-Inférieure a établi à ses frais une fort belle collection d'instrumens aratoires, qu'elle met à la disposition des cultivateurs, fait ressortir les avantages qui résulteraient, pour la France entière, de l'établissement de concours annuels de charrues dans tous les départemens, et de la publication des résultats de ces concours. Il demande que la section engage le Congrès à réclamer, dans l'intérêt du pays, la création de pareilles institutions. La section, adoptant cette proposition à l'unanimité, formule la résolution suivante, qui sera soumise à la sanction du Congrès :

« Le Congrès, regardant comme très avantageuse pour l'agri-
« culture française l'adoption des meilleurs systèmes de char-
« rues, invite les Conseils généraux et les Sociétés d'Agriculture
« de chaque département, à créer des concours annuels de
« charrues, et à publier les résultats de ces concours, afin que,
« dans peu d'années, on connaisse exactement l'espèce de
« charrue convenable à chaque nature de sol. »

MM. A. Le Prevost, de la Fontenelle et Girardin appellent l'attention de leurs confrères sur les expériences que M. *Hugues*, de Bordeaux, a commencées avec une ardeur et un désintéressement bien dignes d'éloges, sur toutes les parties du territoire français, avec un semoir et un sarcloir de son invention. Le premier de ces instrumens, fort ingénieux, a environ quarante-cinq pouces de long ; il présente sept conduits de semence, à six pouces de distance, et indépendans l'un de l'autre ; de sorte que l'on peut semer à la fois de deux à sept lignes, à des distances résultant de cet écartement de six pouces. On sème à volonté, et à la quantité que l'on veut, toutes graines, depuis le trèfle jusqu'aux féverolles. — Il faut, pour la manœuvre de cet instrument, un cheval, un homme aux mancherons, et une femme pour conduire le cheval. On fait facilement un hectare en trois heures. Il procure une économie de près de moitié sur la semence, et enterre parfaitement celle-ci, ce qui est un avantage non moins important. Les expériences entreprises dans les départemens de la Vienne et de la Seine-Inférieure ont donné des résultats fort satisfaisans. Dans ce dernier département, elles ont eu lieu sur la propriété de M. *Desjobert*, membre correspondant de la Société centrale d'Agriculture de Rouen, qui ne tardera pas à publier le procès-verbal des opérations exécutées sous les yeux d'un grand nombre d'agronomes instruits de l'arrondissement de Neufchâtel, et de plusieurs de ses membres.

M. de la Fontenelle de Vaudoré signale les nombreux et importans services que les Comices agricoles ont rendus dans le département de la Vienne. Les propriétaires et les simples cultivateurs d'un canton font des expériences en commun, se réunissent fréquemment, et pourvoient, au moyen d'une faible cotisation, qui est doublée pour les propriétaires, à l'achat des instrumens nouveaux et de semences de plantes dont la culture est encore inconnue dans le pays. L'honorable membre fait sentir l'utilité de propager de pareils exemples dans toutes les localités ; et après une discussion approfondie, la section arrête, sur sa demande, qu'il sera présenté au Congrès la résolution suivante :

« Prier le gouvernement de provoquer la création de *Comices* « *agricoles* dans toute l'étendue de la France, à l'instar de « ceux qui existent déjà dans plusieurs départemens. »

M. de Banneville donne lecture d'un mémoire sur les avantages qui résulteraient, pour le pays, de la culture en grand du mûrier et de l'éducation des vers à soie. Il s'attache surtout à démontrer le peu de soins et de dépenses qu'exigerait cette nouvelle branche d'industrie, qui affranchirait la France d'un tribut annuel de près de quarante millions qu'elle paie pour les soies brutes, augmenterait la masse et diminuerait le prix des soies manufacturées qu'elle livre au commerce.

La culture en grand du mûrier est d'autant plus facile, que cet arbre n'exige pas, pour prospérer, les terres les plus fertiles, ni les bonnes et franches terres qui pro-

duisent en abondance le blé, le chanvre et les légumes,
ni les prairies. Les coteaux de nature calcaire, les
rochers qui se délitent facilement sont les sols les plus
favorables. Un autre avantage de cette culture, c'est
que l'arbre peut être élevé, soit en haies, soit en taillis,
soit en arbres à haute tige. Les taillis, outre le produit
de la feuille, ont l'avantage de couvrir les terrains montueux, rocailleux, dont on ne saurait tirer aucun parti.
La promptitude avec laquelle le mûrier végète, son peu
de délicatesse sur le choix du sol, indemnisent bientôt
des premiers frais. C'est une grave erreur, suivant
M. *de Banneville*, de croire que le mûrier ne peut être
cultivé que comme cela se pratique dans les pays méridionaux, et qu'on n'obtient de bonne soie que lorsque l'arbre
à haute tige a atteint un âge avancé et un grand développement. Il cite, à cet égard, les plantations en cépées à
douze pieds de distance, faites par M. *Camille Beauvais*,
aux bergeries royales de Sennart (Seine-et-Marne), et qui,
au bout de quelques années, ont fourni des produits
tellement admirables, que les soies ont été vendues l'année
dernière 51 francs 25 cent. la livre de 15 onces, prix
beaucoup plus élevé que celui de tous les marchés de
l'Europe.

Berlin, Anvers, Bruxelles, la Suède et la Russie
même, ont vu, relativement à la culture du mûrier et
la production de la soie, leurs espérances surpassées.
Les produits de quelques-unes de ces villes égalent déjà,
s'ils ne les surpassent, ceux des pays auxquels, sous ce
rapport, les préventions accorderaient un privilége exclusif. La reine que nous avons donnée à la Belgique a

déjà reçu, des mains des ouvriers d'Anvers, une pièce. d'étoffe de soie récoltée dans leur ville et digne de rivaliser avec nos plus beaux produits en ce genre. M. *de Banneville* est persuadé qu'en choisissant un terrain et une exposition convenables, on pourrait couvrir avec d'importantes plantations de mûriers, plusieurs parties arides et infertiles de nos départemens. En Anjou, un propriétaire en a déjà planté quarante-cinq mille pieds, et cette année il y consacrera quinze hectares de plus.

Si, ce qui ne paraît plus vraisemblable à l'auteur, l'éducation des vers à soie ne pouvait pas réussir dans les départemens du Nord, les mûriers seraient encore profitables sous plus d'un rapport à ceux qui les auraient plantés; en effet, leurs feuilles, vertes ou sèches, font un excellent fourrage; ils peuvent former des haies impénétrables aux plus petits animaux; leur écorce peut donner une filasse, que du temps *d'Olivier de Serres*, on employait à quelques-uns des usages de notre chanvre, tels, par exemple, que la confection des cordages. Leur bois est infiniment supérieur à tous les autres bois blancs, qu'il égale sous le rapport de la rapidité de végétation; et, non moins que le chêne, il résiste et se conserve sous l'eau.

Tels sont quelques-uns des avantages que présente la culture du *mûrier blanc ordinaire;* celle du *mûrier multicaule « morus multicaulis »*, dont l'introduction en France est due à M. *Perrottet*, et qui est regardé en Chine comme le plus propre à la nourriture du ver à soie, en offrira sans doute de plus grands encore, d'après M. *de Banneville*. Cet arbre étranger, qui a maintenant,

pour ainsi dire, pris rang parmi 'nos productions indi-
gènes, a résisté, sous le climat de Paris, aux cruels hivers
de 1829 et de 1830. M. *Guerin* a prouvé, à Honfleur,
que la différence de latitude avec Paris n'était pas un
obstacle à sa culture. M. *de Banneville* croit donc, avec
beaucoup d'agronomes célèbres, qu'il sera avantageux
de cultiver ce nouveau mûrier, sinon seul, du moins
concurremment avec le mûrier blanc ordinaire. Cette variété est d'autant plus précieuse, qu'on peut la multiplier à l'infini, en raison de la facilité avec laquelle elle
reprend de bouture.

« Dans la lutte industrielle, dit M. *de Banneville*
en terminant, établie entre les diverses nations de l'Europe, la France, si favorisée de la nature, a tous les
moyens de l'emporter sur ses rivales ; mais n'oublions
pas, Messieurs, que c'est un prix de course qu'il faut
gagner. La gloire, le profit sont pour celui qui arrive
le premier : ceux qui le suivent ne font plus que glaner
dans un champ déjà moissonné. Ce qui est vrai de
peuple à peuple, l'est également de province à province ;
aussi nous pensons que vous rendriez un grand service
à nos départemens, si vous y introduisiez la culture en
grand du mûrier et l'éducation des vers à soie, avant
que nos voisins aient ouvert chez eux cette nouvelle
source de richesse. »

La lecture du mémoire dont l'analyse vient d'être
donnée rapidement, est suivie d'une discussion intéressante, qui se termine par la résolution suivante, que la
section se propose de soumettre à l'approbation du
Congrès.

« Inviter le Gouvernement et les Sociétés d'Agriculture à faire
« tous leurs efforts pour introduire dans les contrées septentrio-
« nales de la France la culture du mûrier, afin de porter à toute
« l'extension dont elle est susceptible l'éducation des vers à soie. »

M. DE MAGNEVILLE lit une note fort instructive sur les espèces et les variétés de platane qu'il a cultivées.

Depuis plus de trente ans, les platanes sont tombés en défaveur dans le Calvados, parce qu'en confondant les espèces, on a attribué à toutes ce qui ne doit être appliqué qu'au seul platane d'occident. En effet, celle-ci, plus répandue à cause de son rapide accroissement dans les terrains qui lui sont convenables, de la beauté de son large feuillage et de l'ombrage qu'elle procure, ne peut résister maintenant aux funestes effets des froids du printemps. Les premières feuilles, et les bourgeons qui commencent à se développer, sont frappés de mort et se dessèchent ; les arbres s'épuisent à former de nouveaux bourgeons et de nouvelles branches : ils languissent et meurent bientôt au bout de quelques années. Mais d'autres espèces de platane ne sont point exposées à de pareils accidens et méritent d'être connues et appréciées ; telles sont, entre autres, le *platane d'Orient*, qui n'est bien connu en France que depuis 1754, époque à laquelle Louis XV fit venir d'Angleterre une certaine quantité de jeunes pieds, et le *platane à feuilles d'érable*, qui ne paraît être qu'une variété du précédent.

Le *platane d'Espagne* à feuilles rondes, qui, d'après l'auteur, n'est qu'une variété du platane d'Occident, est de tous le plus sensible au froid ; il s'élève peu, mais son aspect est très beau.

Séance du 22 juillet.

Note de M. de Magneville.

Après quelques détails sur la qualité du bois de platane, et les meilleurs moyens de multiplier cet arbre, si célèbre chez les anciens Grecs, M. *de Magneville* recommande la propagation de la culture du platane à feuilles d'érable, qui n'éprouve aucun des accidens auxquels est exposé le platane d'Occident, plus connu des propriétaires agronomes.

Séance du 23 juillet. — Communication de M. l'abbé Noget.

M. l'abbé Noget, d'Aubigny près Falaise, dépose sur le bureau deux exemplaires d'une brochure dont il est l'auteur et qui a pour titre : *Méthode de la culture du melon en pleine terre.* Sur la demande de plusieurs membres, il fait un exposé succinct de cette méthode, qui est la même, à une légère modification près, que celle qui est pratiquée depuis fort long-temps dans la vallée d'Orbec près Lisieux. Il indique avec quelle rapidité cette méthode s'est propagée dans les environs de Falaise, et plusieurs membres de la section disent l'avoir vue employée dans beaucoup d'autres localités du département.

MM. *Bunel, De Courdemanche, Pellerin,* etc., annoncent que, dans la vallée d'Orbec, on n'apporte d'autres soins à la culture du melon en pleine terre, que d'ajouter au sol une proportion d'engrais un peu plus forte que celle qu'on y met lorsqu'on l'ensemence en blé, sans faire usage, d'ailleurs, de cloches en verre ou en papier huilé, et sans avoir recours à la pratique recommandée par M. *Noget,* c'est-à-dire la transplantation des jeunes plants dans des trous remplis de fumier chaud, qu'on recouvre ensuite d'une légère couche de terreau.

La simplicité de ce mode de culture, le peu de soins

qu'il exige, les bons résultats qu'il fournit, font vivement désirer aux membres de la section qu'il se répande de plus en plus dans le pays, dont il accroîtra ainsi l'aisance.

M. de Magneville lit un mémoire sur l'introduction et la culture des arbres et arbustes exotiques dans le département du Calvados. Après avoir rappelé que le maréchal d'*Harcourt*, le marquis *Turgot*, *M. de Magneville père*, *M. Moisson de Vaux*, *M. de Caumont père*, *M. Trolong du Taillis*, *M. Dherou*, sont les premiers horticulteurs qui aient commencé des collections de végétaux exotiques dans le département, il indique les principales pépinières qui existent actuellement, et assure qu'il y a peu d'arbres nouvellement introduits en France qu'on ne puisse se procurer dans ces utiles établissemens.

Les richesses en végétaux exotiques que possède le Calvados, étant devenues assez importantes pour être signalées à l'attention publique, M. *de Magneville* a cru rendre service aux amis de l'horticulture, en entreprenant d'en faire le recensement; car la connaissance des espèces acclimatées portera à les multiplier, à les étudier et à rechercher les avantages que les arts, l'économie domestique, etc., pourraient en retirer.

Le travail entrepris par notre honorable confrère, pour le Calvados, est calqué sur celui que *Duhamel du Monceau* a exécuté pour toute la France, avec cette différence, toutefois, qu'il n'y est fait mention que des végétaux étrangers répandus dans les jardins et parfaitement acclimatés. A la suite du nom de chaque espèce, l'auteur

Séance du 23 juillet.

Mémoire de M. de Magneville.

a eu l'heureuse idée d'indiquer la grosseur du tronc, à partir de trois à quatre pieds au-dessus du sol, ainsi que les différentes localités où l'espèce végète actuellement. Ce catalogue, que l'auteur continue à compléter, renferme déjà quarante-huit espèces d'arbres, dont beaucoup sont remarquables par leur développement. La plupart sont cultivés par lui avec un grand succès dans sa belle terre de Lébisey, près Caen.

Ces collections d'arbres étrangers ne doivent pas être considérées comme un simple délassement pour les propriétaires qui consacrent une partie de leur fortune à les former. Elles peuvent rendre et rendent déjà d'importans services à la société, en facilitant l'introduction dans nos campagnes d'espèces plus profitables que celles qui y existent. — Déjà plusieurs sont répandues avec profusion dans le Calvados, et on s'empressera d'en multiplier d'autres lorsqu'on connaîtra mieux la nature du sol qui leur est convenable, et les usages auxquels elles sont propres. Bientôt, sans doute, on verra substituer le *chéne de marais* et le *cyprès de la Louisiane* aux saules et aux aunes, dans les terrains marécageux et tourbeux. Les sols arides, légers et calcaires, qui n'offrent au laboureur que de très faibles récoltes, se couvriront de *picéas* et de *pins d'Ecosse*. L'*érable de Norwége*, qui, d'après *Rozier*, n'éprouve aucun dommage des vents de mer, pourra procurer des abris salutaires sur le littoral du département. Beaucoup d'espèces de Chêne pourraient rivaliser avec l'espèce du pays dans les sols glaiseux mêlés de galets roulés. Si ces espèces ne réunissent pas toutes les qualités de la dernière, elles en ont d'autres qui ne sont pas moins utiles. Ainsi, le *chêne pyramidal*, au port semblable à celui du *peuplier d'Italie*, et qui ne couvre de ses branches qu'un très petit espace, peut être planté près des terres en labour, sans que leur égoût nuise aux récoltes ; le *chêne quercitron*, dont l'écorce plus riche en tannin que celle de notre chêne, est meilleure pour l'apprêt des cuirs, et qui contient une matière colorante jaune, si utile à nos ateliers de teinture, procurerait un jour aux cultivateurs d'importans bénéfices, si sa culture était naturalisée. Ces exemples font sentir l'importance des essais entrepris par les propriétaires.

M. DE MAGNEVILLE exprime le regret de ne point voir tenter de plantations ou de semis de *pin maritime* dans les dunes qui bordent une partie des côtes du Calvados. Ces dunes donnaient autrefois asile à une grande quantité de gibier fort recherché sur les tables ; mais actuellement elles n'offrent plus que de maigres pâturages, et sont, par conséquent, d'une bien faible ressource pour les habitans de ces côtes du département.

Séances des 23, 24 et 25 juillet.

Communication de M. de Magneville.

Cette communication fait naître une longue discussion, dans laquelle beaucoup de membres sont entendus. MM. *Asselin de Cherbourg*, *Bunel*, *De Courdemanche*, *de la Chouquais*, *de la Foye*, *Lair*, *A. Le Prevost*, exposent successivement leurs opinions sur la possibilité de rendre à la culture cette immense étendue de terrains jusqu'ici stériles. Déjà une grande partie des *Miells* ou dunes aux environs de Cherbourg, ont été exploitées avec succès, et sont actuellement couvertes de maisons d'habitation et de jardins très-productifs. Ce qui a contribué surtout à amener cet heureux résultat pour les dunes de Cherbourg, c'est qu'en fouillant le sol, on a rencontré à peu de profondeur une terre vierge et très propre à la culture.

La section, convaincue des avantages que procurerait au pays l'exploitation des dunes, et notamment de celles qui sont situées entre Dives et Salenelles, décide qu'il sera fait au Congrès une proposition spéciale à ce sujet. Étendant ses regards hors du territoire du Calvados, et envisageant cette importante question d'un point de vue plus élevé, la section, après avoir entendu dans une seconde séance l'exposé fait, par M. *de la Chouquais*, des diverses expériences qui ont été tentées avec un grand nombre de plantes, dans le dessein de reconnaître celles d'entre elles qui sont les plus propres à rendre productives la plupart des dunes et des landes qui existent en France, arrête ainsi les termes de la proposition qu'elle soumettra à l'approbation du Congrès :

« On engage les propriétaires et les administrateurs des dunes
« à faire tout ce qui peut, selon les localités, rendre ces terrains
« productifs, notamment en fixant les sables, dont il faut éviter
« la mobilité et le déplacement ; en employant, d'après les
« expériences qui ont été faites, soit le tamarisc, le saule, la
« bourdaine, le bouleau, le genêt épineux, le genêt commun,
« la ronce, la luzerne, le *carex arenaria*, l'*arundo arenaria*,
« le *triticum junceum*, et plus encore le *triticum repens*. — Il
« est à désirer aussi qu'au moyen d'une petite pelle on soulève
« la terre, dans les terrains mobiles, sans endommager la surface,
« pour placer à quatre ou cinq pouces de distance et à environ

« deux pouces et demi de profondeur , de la graine d'argou-
« sier « *hippophæ rhamnoïdes* », de pesse ou d'épinette , de cy-
« près « *cupressus semper virens* », de sapin blanc « *pinus picea* »,
« de pin blanc d'Amérique « *pinus strobus* » , dé pin sauvage,
« d'ypréau « *populus alba* » , et surtout de pin maritime.

M. le comte d'Yson lit un Mémoire fort intéressant sur les chemins vicinaux. Il signale leur déplorable état, leur importance et l'imperfection de la législation actuelle.

Il réduit l'entreprise de leur mise en état et de leur entretien à une question d'argent, que l'insuffisance des ressources communales appelle le trésor à résoudre par une mesure générale. Il invoque l'intervention d'une loi préalable, pour empêcher que les empiétemens journaliers ne rendent le mal plus grand encore.

Il donne un aperçu de la dépense totale, et, s'il effraye par le chiffre, il rassure par les richesses qui en résulteraient et par les réductions considérables dont l'application serait susceptible. Il insiste sur les ménagemens que mérite l'industrie agricole, afin que ses frais de production ne s'élèvent pas plus qu'ils ne le sont. En exposant ses convictions, il prouve par-là qu'un avenir peu éloigné réalisera plus d'économies que n'en réclameraient les frais de l'entreprise. Il expose, enfin , les bases d'un système d'exécution fondé sur de nouvelles circonscriptions routières, et sur un mode d'administration tiré de leur nature, et mis en rapport avec les règles et les divisions administratives existantes.

M. *d'Yson* n'a eu d'autre but, en rédigeant son Mémoire, que de s'adresser à l'opinion publique, déesse tutélaire des intérêts sociaux, dont les membres du Congrès, dit-il, sont, par leur mérite et leurs intentions, les organes influens et consciencieux.

M. Henri CELLIEZ, de Blois, entre dans des considérations fort étendues sur les avantages qui résulteraient pour l'agriculture, de l'usage des baux à long terme.

La section, reconnaissant unanimement la justesse des opinions professées par M. *Celliez*, et la nécessité de détruire un état de choses qui n'offre aucun avantage réel en compensation des maux nombreux qu'il produit, arrête que la proposition suivante sera soumise à la sanction du Congrès :

« Le Congrès engage les Sociétés d'Agriculture à s'occuper
« activement des moyens de répandre, dans la pratique,
« l'usage des baux à long terme. »

Plusieurs autres propositions relatives aux banques agricoles et aux associations formées entre capitalistes pour l'exploitation des richesses territoriales, sont successivement développées par M. *Celliez*. La section, en raison de la nature de ces propositions, qui se rattachent aux questions les plus élevées de l'économie politique, les renvoie à l'examen de la section d'économie sociale [1].

M. LECOQ, vétérinaire à Bayeux, que des occupations ont forcé de quitter le Congrès, adresse une lettre dans laquelle il appelle l'attention des membres du

---

[1] La section d'économie sociale n'a pu, à cause de la fin de la session, donner suite au renvoi qui lui avait été fait.

Congrès sur un vice nommé *cornage*, qui augmente chaque jour en intensité dans les départemens du Calvados et de la Manche. Dans l'intérêt de la race chevaline, il signale ce vice, que le gouvernement peut détruire en soumettant les chevaux à la castration et les jumens au bouclage ; et il pense qu'en raison des pertes qu'il fait éprouver à tous les possesseurs de chevaux, il est urgent d'inviter le Ministre du commerce à prendre toutes les mesures convenables pour faire cesser un état de choses qui nuit aux intérêts de tous.

En l'absence de documens suffisans pour prononcer sur cette question, qui paraît très grave en elle-même, la section décide qu'elle ne peut prendre, à cet égard, aucune résolution définitive, et elle engage les vétérinaires à faire parvenir au secrétaire-général du Congrès de 1834 tous les renseignemens qu'ils pourraient avoir sur le mal signalé par M. Lecoq, afin que, dans la session prochaine, les membres de la section soient en état de statuer sur sa proposition.

M. DE LA SAUSSAYE, de Blois, s'était fait inscrire pour présenter le tableau de l'état de l'agriculture dans l'ancienne Sologne, et développer la proposition suivante qu'il désirait faire prendre en considération par le Congrès :

Séance du 25 juillet.

Communication de M. de la Saussaye

« Inviter les propriétaires de la Sologne et les Sociétés d'agri-
« culture établies dans cette ancienne province, à encourager,
« par tous les moyens qui sont en leur pouvoir, les plantations
« d'arbres forestiers et le desséchement des étangs dans cette

« partie de la France, conditions indispensables pour son amé-
« lioration physique et sociale. »

Le temps n'ayant pas permis à l'auteur d'exécuter son projet, cette question si importante est recommandée à l'attention du Congrès de 1834.

<table>
<tr><td>Le Secrétaire de la Section,</td><td>Le Président de la Section,</td></tr>
<tr><td>J. Girardin, de Rouen.</td><td>P.-A. Lair, de Caen.</td></tr>
</table>

Sciences Médicales.

—

M. Lecoq, de Bayeux, lit un Mémoire sur la maladie des poulains, généralement désignée, dans les départemens du Calvados et de la Manche, sous le nom de fourbure ou fourbeture. — Il assigne pour causes principales à cette maladie, qui règne enzootiquement dans le Cotentin, et y enlève jusqu'à un cinquième des jeunes poulains : 1° l'action du froid humide; 2° le changement subit qui a lieu dans le régime alimentaire de la jument aussitôt après la parturition, époque où elle passe d'un régime peu substantiel et du travail au repos et à une nourriture plantureuse, qui devient pour les poulains la source d'une nutrition excessive; 3° enfin les exercices forcés.

Les symptômes propres à cette affection sont la claudication accompagnée de l'engorgement plus ou moins considérable d'une ou de plusieurs parties de la surface du corps, et notamment des articulations des membres. Ces engorgemens ont pour caractères remarquables, 1° leur mobilité ou la facilité avec laquelle, dans l'espace de quelques heures et même de quelques minutes, ils abandonnent le point sur lequel ils s'étaient montrés

Séance du 22 juillet.

—

Mémoire de M. Lecoq, vétérinaire à Bayeux.

d'abord, pour apparaître sur d'autres parties ; 2° le peu de chaleur et de douleur qui les accompagnent ; 3° la qualité du pus qu'ils fournissent lorsqu'on n'a pas réussi à empêcher cette fâcheuse terminaison. Il est inodore, séreux, trouble, tenant en suspension des flocons albumineux. La quantité s'élève quelquefois à plusieurs litres.

Les symptômes généraux ou sympathiques, variables selon les sujets, sont l'anorexie, la tristesse, l'état comateux, la fréquence et la plénitude du pouls, les membranes muqueuses apparentes injectées ou jaunâtres, la langue couverte d'un enduit gris jaunâtre, et rouge sur les bords, les urines rares, les déjections alvines dures et recouvertes de mucosités membraniformes, ou bien une diarrhée colliquative.

La durée de la maladie a l'état aigu est de quinze à vingt jours ; lorsqu'elle s'étend au delà, elle prend une marche chronique dont le terme est incertain.

L'examen des animaux qui ont succombé laisse apercevoir souvent, dans le tissu cellulaire du dos et des lombes, des foyers purulens dont rien jusqu'alors n'avait révélé l'existence. Ainsi que ceux qui ont été reconnus pendant la vie, ils occasionnent une destruction du tissu cellulaire ; la dénudation et la dissection de la peau et des muscles environnans, dans une étendue considérable. Quelquefois aussi des tumeurs articulaires non abcédées se dissipent, et ne laissent à leur place qu'une infiltration citrine et gélatineuse. Les surfaces articulaires sont plus ou moins rouges ou altérées, suivant la durée et l'intensité de la maladie.

Presque toujours l'abdomen contient une quantité notable de sérosité roussâtre. Plus d'une fois on a trouvé, à l'intérieur de la veine ombilicale et de l'ouraque non oblitérées des traces d'une assez vive inflammation et du pus bien formé.

Les ganglions lymphatiques de toutes les régions de l'abdomen et de la poitrine , le thimus , présentent toujours des altérations variables, suivant l'ancienneté de la maladie, tantôt tuméfiés , gris ou rougeâtres , ayant la consistance du squirre, tantôt ramollis et prêts à s'abcéder.

Les indications curatives se rapportent à deux principales. Combattre l'affection locale, c'est-à-dire s'opposer à la terminaison par suppuration, modifier l'état général du sujet.

Suivant l'état inflammatoire ou non des tumeurs , la première indication est remplie par des moyens différens. Dans le premier cas, des antiphlogistiques tempérés , afin de maintenir toujours un certain degré de réaction ; dans le cas, au contraire, où la tumeur est indolente, même avec un peu de chaleur, les topiques résolutifs, astringens, les répercussifs, surtout une solution de sulfate de fer, sont appliqués avec avantage.

Les moyens généraux consistent principalement dans la diminution de la nourriture, quelquefois la saignée ; M. *Lecoq* n'approuve pas l'emploi assez général des purgatifs.

M. *Lecoq* termine en émettant verbalement l'opinion que cette maladie se rapproche du carreau des jeunes enfans.

M. *Trouvé*, s'appuyant sur la mobilité des tumeurs et sur la marche habituellement aiguë de la maladie, reconnaît plus de ressemblance avec le rhumatisme. M. *Pellerin* se rapproche de cette opinion, en tenant compte des causes assignées à la maladie.

M. *Hunault* trouve, dans l'existence et le caractère des tumeurs articulaires, une ressemblance avec celles qui se développent chez les sujets scrofuleux.

M. *Lafosse* pense que, pour bien apprécier la nature de la fourbure et son analogie avec telle autre affection propre à l'espèce humaine, il ne faut pas considérer isolément, et par une application trop rétrécie du système de localisation, les diverses lésions locales, qui ne sont que l'explosion extérieure d'une altération plus profonde et plus générale de l'économie ; mais qu'en considérant l'ensemble des phénomènes, l'indolence et le siége habituel de ces tumeurs, le caractère spécial de l'inflammation qui survient quelquefois, la nature et la quantité du pus, et surtout l'altération générale et constante de l'appareil ganglionnaire, il était impossible de ne pas reconnaître que, dans la fourbure comme dans les scrofules, le système lymphatique est spécialement affecté. Bien que la marche plus fréquemment aiguë chez le poulain que chez l'enfant établisse une distinction importante pour le traitement, elle n'est pas suffisante pour empêcher le rapprochement de ces deux affections, au moins quant à leur siége.

Quoi qu'il en soit, la section vote des remercîmens à M. *Lecoq*, pour la communication qu'il a bien voulu lui faire et qui fournit une nouvelle preuve de l'utilité de l'étude comparée de la médecine humaine et de la médecine vétérinaire. Et considérant qu'il n'existe qu'un bien petit nombre de vétérinaires capables d'observer avec exactitude, d'exposer avec clarté et de discuter avec justesse, ainsi que l'a fait M. *Lecoq*, élève de l'École d'Alfort, et que l'ignorance et la routine sont encore presque partout les seuls guides de cette classe d'artistes; considérant que les inconvéniens très graves de cette ignorance ne sont pas assez généralement sentis, même de personnes chez lesquelles une position sociale élevée devrait faire supposer une appréciation plus judicieuse des intérêts de la société; que, particulièrement, le conseil général du département de la Manche a refusé une légère allocation pour assurer la publication des travaux d'une société formée à Bayeux pour les départemens du Calvados et de la Manche, par quelques vétérinaires instruits ; considérant que l'agriculture, l'industrie et l'économie sociale, sont plus intéressées encore que la science médicale à la réforme de ces erreurs : la section arrête que la proposition suivante sera faite à l'assemblée générale du Congrès :

« Employer tous les moyens qu'il croira convenable de publi-
« cité, de persuasion et d'adresse aux sociétés savantes, aux
« autorités et aux corps compétens, pour encourager l'instruc-
« tion des vétérinaires et éclairer l'opinion sur les inconvéniens
« de l'état actuel. »

M. Duval, de Paris, lit des notes historico-médicales sur les Normands qui ont concouru à rendre l'étude de la médecine plus facile et plus générale, et son application plus utile à l'humanité. Depuis la protection accordée, par nos ancêtres conquérans de l'Italie, à la célèbre école de Salerne, jusqu'à l'établissement, en 1783, dans la Faculté de Caen, de la première chaire de clinique qu'elle avait sollicitée ; depuis Gilbert Mancinot, en même temps évêque de Lisieux et médecin de Guillaume-le-Conquérant, jusqu'à Vicq-d'Azir, qui le premier fit à Paris, en 1773, des cours d'anatomie comparée, la Normandie a fourni en médecine, comme partout ailleurs, un riche contingent de services. Le travail de M. *Duval* qui les rappelle, plein de recherches curieuses, a été écouté avec un vif intérêt.

Séance
du 23 juillet.
—
Communication de
M. Hunault.

M. Hunault, d'Angers, donne lecture d'un Mémoire sur les constitutions physique et médicale de l'Anjou, avant et pendant le choléra.

Dans ce travail, plein de détails, de faits et de rapprochemens, se trouve un exposé de toutes les conditions hygiéniques, géologiques, topographiques, météorologiques, industrielles et morales, qui ont pu avoir quelque influence sur l'invasion, la marche, la durée et la gravité de cette épidémie. Ce Mémoire, qui est lui-même un résumé de nombreuses recherches, ne peut se prêter à une seconde analyse, qui le mutilerait. La section médicale du Congrès a fortement encouragé M. *Hunault* à exécuter son projet de le faire imprimer ; elle applaudit à l'esprit investigateur qui a présidé à la poursuite des faits qu'il renferme, et à la circonspection qui a empêché l'auteur d'en déduire des conséquences prématurées. Il se termine par les considérations suivantes :

« De conclusions, Messieurs, nous n'aurons point la présomption de vous en déduire des nombreuses considérations que nous venons d'avoir l'honneur de vous soumettre. Pour nous, ces faits ne sont point assez généralisateurs. Seulement, si quelqu'un eût fait, ainsi que nous venons de l'essayer, pour chaque localité de la France, une enquête médicale, empreinte de l'esprit du divin maître, et d'après des principes aussi complétement pratiques, aussi rigoureusement scienti-fiques que l'a religieusement accompli le savant, célèbre et infortuné Delpech, lors de son voyage en Angleterre, nous aurions probablement aujourd'hui l'avantage de posséder un grand nombre de faits indispensables pour tirer des conclusions utiles ; et nous pourrions espérer, si le fléau venait à se reproduire, d'avoir, au moins, des moyens plus assurés, plus rationnels, plus efficacés peut-être, à lui opposer.

« Le gouvernement et les corps savans n'ont pas fait, dans d'aussi pressantes circonstances, tout ce qu'ils pouvaient et devaient faire ; ils devaient éclairer, par tous les moyens possibles, une question aussi importante au salut des peuples ; ils devaient solliciter et rallier les expériences et les lumières acquises dans les pro-vinces ; ils pouvaient, choses simples et faciles, appeler tous les gens de l'art à l'un de ces congrès de science et d'humanité, tel que cela s'est pratiqué dans des pays voisins. Qu'ils restent donc sous le poids de leur responsabilité.

« Quant à nous, Messieurs, nous devons nous emparer de cette grave question, qui, par sa généralité et l'enquête qu'elle a pour but de solliciter de toutes parts, concerne spécialement les travaux d'un Congrès scientifique. Cette question, en effet, ne peut être bien et complétement résolue que d'après un ensemble comparatif d'observations faites sur tous les points de la France, et discuté, approfondi dans les réunions générales destinées à ces objets.

« *Nous invitons donc tous les médecins, savans et* « *observateurs quelconques, à vouloir bien fournir au* « *Congrès prochain tous les matériaux qu'ils possèdent* « *sur les constitutions physique et médicale de leurs* « *localités, avant, pendant et depuis l'invasion du* « *choléra-morbus épidémique.* »

« Par ce moyen, nous aurons au moins le mérite d'avoir essayé, sinon accompli, l'œuvre d'humanité qui a pour but de rechercher les remèdes propres à arrêter les ravages de l'un des fléaux les plus dévastateurs qui se soient jamais attachés à la destruction de l'espèce humaine. »

Après la lecture du Mémoire de M. *Hunault*, la section entend celle d'un *Essai sur les moyens d'améliorer l'enseignement et la pratique de la Médecine*, par M. La Fosse, de Caen.

L'auteur, partant d'une idée première qui domine tout son travail, savoir : que la médecine, ainsi que les autres professions libérales, comme la magistrature, le sacerdoce, et il ajoute l'état militaire, est une fonction instituée pour le bénéfice de tous, et non pour l'avantage particulier de ceux qui l'exercent, cherche à prouver que la société néglige un de ses intérêts les plus sérieux en ne pourvoyant pas à la réforme des abus signalés depuis long-temps dans l'enseignement et l'application de cette science.

Pour faire sentir le danger de l'état actuel des choses,
il établit que, d'après les modifications survenues depuis
un demi-siècle dans les mœurs, les coutumes, les opinions et les lois, et qui ont eu pour résultat de ne plus
admettre, pour mesure de la considération et de l'influence sociale, que la richesse ou les fonctions publiques,
les médecins qui ne peuvent atteindre ni à l'une ni aux
autres, se trouvent dans l'alternative, ou de rester dans
un état relatif d'infériorité qui nuira à la fermeté et à
l'indépendance nécessaires à l'exercice de leur état, ou
de s'abandonner à l'impulsion générale de faire fortune,
et de ne plus voir dans la médecine qu'une industrie
qu'il faut rendre lucrative. Et l'entrée une fois ouverte
aussi largement aux entreprises de la cupidité, le charlatanisme chassera du temple les véritables disciples
d'Hippocrate, et les gens d'honneur n'aborderont plus
un état où ils ne trouveraient, pour compensation à des
études longues, dégoûtantes et dangereuses, à un travail
assidu et à un assujétissement continuel, à la privation
de la plupart des plaisirs de la société, que la confraternité avec des fourbes et des charlatans.

Les améliorations que l'enseignement de la médecine
réclame viennent ensuite, et les considérations que l'auteur du mémoire y consacre sont déjà revêtues de la
sanction de l'École de médecine de Caen, à qui il les avait
soumises, et au nom de laquelle elles ont été adressées à
M. le Ministre de l'instruction publique.

La première question examinée est celle de deux
ordres de médecins. Tout en reconnaissant et prouvant
même les défauts de l'institution des officiers de santé,

l'auteur prétend que ce n'est pas une raison suffisante pour rejeter toute autre division, qui serait basée sur un autre plan ; division dont il prouve la nécessité, en établissant que l'exercice de la médecine dans les campagnes ne présente point, ni en avantages pécuniers, ni en relations sociales et scientifiques, une compensation aux sacrifices de toute espèce et aux besoins intellectuels d'un homme qui possède toutes les conditions que le doctorat suppose, et que, par conséquent, si l'on ne veut pas abandonner la santé des habitans des campagnes au plus grossier charlatanisme, il est nécessaire de laisser, dans la hiérarchie médicale, une classe dont les sacrifices, les besoins et les prétentions soient en harmonie avec la société au milieu de laquelle ils seront destinés à vivre. Seulement, il faut exiger d'eux une instruction qui les mette en état d'être réellement utiles, et leur fournir les moyens de l'acquérir aisément. Or, au lieu de la division établie par les lois actuelles, il en existe une autre, placée à un point beaucoup plus élevé ; car, sous le rapport de leur étude comme sous celui de leur application, il y a, dans chacune des branches qui partagent l'enseignement de la médecine, un degré où s'arrêtent les applications usuelles, et où commence la philosophie de la science.

D'un côté, on trouve l'anatomie, justement appelée médicale et chirurgicale, la physiologie positive, les généralités d'hygiène et de médecine légale, les préceptes généraux et les spécialités de la pathologie et de la thérapeutique, et enfin l'expérience clinique.

De l'autre, l'anatomie moléculaire, l'anatomie comparée, la physiologie transcendante, les systèmes étiologiques, les classifications nosologiques, l'histoire de la médecine et les hautes questions de médecine légale et d'hygiène publique.

La première de ces divisions se renfermant dans le domaine positif des faits acquis ; la seconde poursuivant la recherche des faits nouveaux et leur coordination systématique.

L'une, à la portée d'un grand nombre d'intelligences douées de bon sens et d'attention, qu'elle dirigera avec certitude et sans efforts vers un but utile et modeste. L'autre, exigeant des esprits supérieurs, riches d'un haut degré de persévérance, de pénétration et de sagacité, et les égarant souvent encore dans des spéculations, ou stériles, ou funestes.

La première série de connaissances est celle qu'il convient de présenter à des élèves, et qu'une conscience sévère permet d'appliquer dans la presque universalité des cas de pratique. Il faut être maître, et depuis longtemps, pour discerner ce qui peut devenir applicable dans les tentatives de progrès que présente la seconde.

Dans celle-ci, le travail, l'intelligence et le temps ne peuvent suppléer qu'avec peine, et incomplétement encore, à ce concours de circonstances que présentent quelques localités par la multiplicité des objets d'observation qu'elles fournissent, et la rencontre, trop rare ailleurs, d'hommes capables de diriger dans ces études avec circonspection et sagacité. Et Paris, sous ce rapport, est hors de comparaison avec aucune ville de France. Montpellier seul, par ses vieilles et bonnes traditions, par son antique renommée et par ses établissemens, peut offrir, quoique avec désavantage, une rivalité nécessaire.

Il n'en est pas ainsi pour l'étude de la médecine pratique. La plupart des médecins qui ont pu corriger et mûrir, par l'exercice de leur árt, leur instruction scolastique, sont en état de communiquer par l'enseignement le résultat combiné de leur théorie et de leur expérience; et les villes de 2e et 3e ordres peuvent offrir, dans leurs hôpitaux et autres établissemens publics, les élémens nécessaires à l'étude de l'anatomie et de la clinique, base et complément indispensables de toute instruction médicale.

Cette distinction entre la médecine pratique et les études transcendantes, indique la seule limite qu'il soit possible d'assigner sans danger à la classe des médecins destinée à occuper le second rang dans la république médicale. Il ne serait même pas difficile de prouver que cette limite, en fermant devant le plus grand nombre la carrière où se brisent souvent les plus habiles, devient une sauve-garde pour la société. Il serait trop long de rappeler ici les preuves que fournirait, à l'appui de cette vérité, l'histoire des systèmes qui, tour à tour, ont prétendu renouveler la science. Plus tôt ou plus tard, ils viennent échouer contre les résultats de l'expérience acquise. Et les quelques vérités qui survivent à leurs débris restent pour témoigner qu'en médecine, comme en bien d'autres choses, le progrès réel est souvent en raison inverse de l'intensité du mouvement.

L'enseignement de la médecine serait donc basé sur les dispositions suivantes :

Supprimer, à l'avenir, les jurys médicaux et le titre d'officier de santé.

Établir les trois grades de bachelier, licencié et docteur; conserver au doctorat les prérogatives ordinaires.

Attribuer à la licence le droit d'exercice.

Ne laisser qu'aux Facultés de Paris et de Montpellier le pouvoir de conférer le doctorat.

Établir, dans les autres villes le plus favorablement disposées, des Facultés qui ne pourraient conférer que le baccalauréat et la licence; le gouvernement se réservant d'accorder le pouvoir de faire des docteurs à celles qui se distingueraient par leurs succès.

Conserver, pour obtenir la licence, le temps d'études et presque tous les actes probatoires exigés aujourd'hui pour le doctorat, en diminuant les frais, autant que possible.

Assigner une partie de ces actes pour le baccalauréat, qui ne pourrait être obtenu qu'après trois années d'études.

N'admettre à la première inscription que des jeunes gens munis du titre de bachelier ès-lettres et ès-sciences.

Fixer, par des réglemens, les cours que les élèves devraient suivre chaque année, et exiger d'eux de l'assiduité.

Pour le doctorat dans les Facultés supérieures, une année d'inscription et une thèse latine seraient exigées après la licence. Deux années d'inscription, ou dix années d'exercice seraient obligatoires pour ceux qui auraient été reçus licenciés ailleurs qu'à Paris ou à Montpellier.

Faire intervenir, dans les réceptions, les médecins

étrangers à la Faculté, et recevant leur mission des Sociétés médicales existantes, ou mieux, d'une corporation qu'il serait convenable d'établir.

Charger les Facultés de la réception des pharmaciens et des sages-femmes; les pharmaciens établis concourant aux réceptions avec les professeurs des Facultés.

Enfin, ranger exclusivement ces Facultés, sous le rapport financier comme sous le rapport disciplinaire, sous la direction du ministre et du budget de l'instruction publique.

Après s'être occupé des exigences de la science, l'auteur arrive aux moyens de prévenir les écarts qui peuvent avoir lieu dans la moralité de son application.

Il signale d'abord le vide complet qui existe dans les institutions. On prend une garantie contre l'ignorance du médecin, et l'on ne s'inquiète point du degré de délicatesse et de probité qu'il apportera dans son ministère. On place un jeune homme, revêtu d'un titre qui le rend l'égal de ses maîtres, dans une des positions les plus épineuses de la vie, en présence de devoirs aussi nouveaux que graves, entouré de difficultés nombreuses et variées, difficultés qui ne sont plus du domaine de la science; difficultés, non de pratique médicale, mais de pratique du monde, de ses usages, de ses préjugés, de ses exigences, de ses caprices, de ses passions; on l'expose aux tentations d'un luxe qu'il ne peut atteindre, quelquefois à l'urgence de besoins plus impérieux; il voit l'aveugle crédulité des masses se jeter au-devant de toutes les promesses, pourvu qu'elles soient incroyables et absurdes : et l'on s'étonnerait qu'il pût s'écarter de l'étroit et lentement productif sentier de l'honneur et de la décence, lorsqu'il n'existe aucune institution spéciale pour l'y maintenir ou l'y rappeler !

S'il s'efforce de se rendre digne, par ses services au dehors et par ses méditations de cabinet, des fonctions médicales publiques, ou de ces signes de distinction qui ne devraient être que la récompense d'une honorable carrière, au lieu de trouver là, pour appréciateurs de ses titres, des hommes parcourant la même route, ce qui existe dans presque toutes les autres fonctions, il dépendra, au contraire, de tout le monde, hormis des médecins. Et cependant Zimmermann et Cabanis l'ont démontré bien avant l'auteur de ce Mémoire : il est impossible d'apprécier le mérite scientifique et moral d'un médecin, à moins d'être familier avec les nombreux élémens qui doivent amener ses déterminations et les procédés de raisonnement propres à la médecine, c'est-à-dire sans être soi-même praticien expérimenté Mais, par une de ces contradictions aussi fréquentes que bizarres, en même temps qu'on parque en quelque sorte les médecins dans leur spécialité, chacun se croit en droit d'y pénétrer avec aplomb et de trancher avec assurance; et la conséquence d'un pareil ordre de choses, c'est que, ne pouvant être jugés sur leur mérite médical, il faut renoncer à ces avantages, ou faire valoir, pour les obtenir, quelque autre genre de mérite ou de moyens.

Il en serait bien autrement si les médecins ne relevaient que des médecins; si, au lieu de ne voir dans leurs confrères que des rivaux à écarter, ils savaient y rencontrer des juges éclairés dont il faut mériter les suffrages.

En même temps que la société trouverait une garantie pour l'accomplissement de fonctions ainsi réparties, les médecins puiseraient dans ce retour au droit commun d'être jugé par ses pairs, dans cette élection par des électeurs intelligens, cet esprit de corps nécessaire à eux-mêmes et aux autres, et qu'il y a injustice à leur reprocher de ne point avoir, puisque toutes les lois et coutumes sociales les réduisent à un individualisme forcé ; bien moins favorisés, sous ce rapport, que toutes les professions relevant du ministère de la justice, de l'instruction publique, que le commerce, l'industrie, le clergé, appuyés d'institutions revêtues par la loi d'un droit d'admission, de surveillance, de répression, de protection.

L'auteur appelle donc la puissance de l'association, ou plutôt de la corporation, à l'aide de cette foule de devoirs que l'état des médecins leur impose, que leur isolement rend difficiles et que la loi ne peut prescrire. Mais il redoute, autant que l'anarchie actuelle, une réunion qui pourrait n'être qu'une coterie tracassière et tyrannique ; il veut qu'elle ait le pouvoir de distribuer avec justice et indépendance, ou sa censure ou son appui ; il veut qu'elle ait quelque compensation à offrir à l'atteinte qu'elle porte à la liberté d'action individuelle.

Il assigne comme attributions principales de ces corporations :

1° L'intervention nécessaire dans les réceptions ;

2° L'intervention nécessaire dans l'élection aux honneurs, aux fonctions médicales publiques et dans tous les rapports avec l'autorité ;

3° La juridiction d'honneur sur ses membres, et au besoin, renvoi à la juridiction pénale.

Il proposerait encore de

4° Supprimer cet impôt odieux de la patente, par lequel on fait acheter aux médecins un droit dont ils rougiraient d'user;

5° Compter dans leur admission aux droits politiques. leur contribution de capacité et de services;

6° Rendre facultatif, pour eux comme pour quelques autres états, le service de la garde nationale.

« Il est temps, dit l'auteur en finissant, que la société, intéressée dans cette affaire, intervienne pour donner sa sanction officielle à ces améliorations. Qu'elle ne craigne pas de fonder ce qu'on appellera peut-être des priviléges, mais ce qui n'est, en réalité, qu'une garantie bien plus qu'une compensation de services et de devoirs. Qu'elle se l'assure, cette garantie, par la création d'un tribunal bien autrement sévère que celui de la loi, un tribunal d'honneur. Qu'elle compte sur ce puissant mobile, l'honneur, après la religion le plus noble guide des actions des hommes; l'honneur, sorte de religion terrestre, s'il est permis de le dire, religion indéfinissable, religion qui compte aussi ses mystères et ses martyrs; religion toute française, qui apprend à vivre et à mourir, moins pour soi que pour les autres, moins pour le prix du service que pour l'accomplissement du devoir. »

La section de médecine a accueilli cette lecture par une approbation générale, et plusieurs membres ont demandé la parole.

M. *Saint-Fresne* a retracé les usages jadis en vigueur

dans l'ancienne Faculté de Caen. Il a fait ressortir tous les avantages qui résultaient pour l'union des hommes de l'art, leur considération personnelle, et pour la société entière, des divers degrés d'initiation par lesquels il fallait passer avant d'appartenir au corps des médecins de la ville, et il appelle de tous ses vœux le rétablissement d'institutions modifiées suivant l'exigence des temps et de la civilisation.

M. *Duval* parle dans le même sens, et dit qu'à Montpellier quelques-uns de ces usages subsistent encore, entre autres la solennité du serment.

M. *Hunault* regarde comme incomplète la corporation qui ne réunirait pas aussi les conditions d'une caisse de secours. Il recommande cette mesure comme un acte de justice et de philanthropie, et en même temps comme une sauve-garde et un remède contre l'abus que quelques hommes influens pourraient faire de leur autorité. Cette observation réunit l'assentiment unanime.

Enfin, la section décide que les propositions suivantes seront soumises à l'approbation du Congrès.

« Solliciter du gouvernement une loi sur l'organisation des
« Écoles de médecine dans les départemens, et la fondation d'un
« plan large et libéral, une corporation qui assure l'exercice
« régulier de la médecine et la position sociale des médecins,
« en tenant compte des vues, des besoins et des ressources
« des localités.

« Inviter les réunions médicales des provinces et les Congrès
« futurs à faire parvenir aux ministres et aux membres des
« chambres, ainsi qu'aux autres réunions médicales, les vues

« d'après lesquelles ils pensent que cette organisation doit avoir
« lieu.

« Signaler à l'attention de l'autorité le mémoire présenté,
« comme établissant d'une manière assez exacte l'état des choses
« et les vues d'amélioration. »

Lors de la présentation de ces propositions à la séance
générale du Congrès, la division a été demandée sur la
première, et la partie relative à l'organisation de l'enseignement a été adoptée. (*Voir*, à la fin, la Série des
vœux émis par le Congrès.)

La seconde partie et la proposition suivante ont été
renvoyées à l'examen des deux sections de médecine et
d'économie sociale réunies. Deux longues séances ont
été consacrées à une seconde lecture du Mémoire de
M. La Fosse et à la discussion, dont le résultat a été le
rejet de la proposition.

C'était un devoir pour le secrétaire de la section de
médecine, choisi pour secrétaire des deux sections
réunies, de rendre compte des débats longs, graves et
animés qui ont eu lieu à ce sujet. Mais la part active
qu'il a dû y prendre, le terrain sur lequel ils se sont
étendus, ne lui laisserait pas devant lui-même, ni devant les autres, une garantie suffisante d'impartialité,
et il sait gré à M. le comte de Beaurepaire, secrétaire
de la section d'économie sociale, d'avoir bien voulu se
charger de cette tâche difficile, dont personne ne
pouvait s'acquitter mieux que lui. (*Voir* le compte
rendu des travaux de la Section d'économie sociale.)

Séance
du 24 juillet.
—
Communica-
tion de
M. Monin.

M. Monin, de Blois, entretient la section des modifications qu'il a remarquées en Russie sur la diminution
de volume des boutons de vaccine. Cette diminution
lui a paru pouvoir être considérée comme une raison de
moindre efficacité. La petite-vérole s'étant développée
chez un certain nombre de personnes sur lesquelles l'inoculation du virus vaccin paraissait avoir été pratiquée
avec succès, M. *Monin*, et plusieurs de ses confrères
de Saint-Pétersbourg, ont fait venir d'Angleterre du
virus recueilli sur les vaches mêmes, et ont obtenu des
boutons plus gros, plus développés et entourés d'une
auréole inflammable plus intense. M. *Monin* a observé
dernièrement à Blois quelques faits analogues, et il
demande s'il n'y aurait pas lieu de provoquer le renouvellement intégral de ce virus.

Dans la discussion qui a eu lieu sur ce sujet important, et à laquelle ont pris part MM. *Duval*, *Féron*,
Hunault et *La Fosse*, plusieurs faits ont été rapportés,
qui confirmaient les observations de M. *Monin*, eu égard
au volume des boutons. Mais, comme on ne peut trouver
un rapport rigoureusement établi entre le volume des
boutons et la vertu préservatrice de la vaccine; comme
des exemples prouvent l'existence de maladies éruptives
chez lesquelles l'éruption ne se développe pas; qu'un
fait très remarquable de ce genre a été observé à Nantes,
et consigné dans le Recueil de la section médicale de
la Société académique de cette ville, fait dans lequel
il paraît constaté que l'inoculation de la vaccine non
suivie d'éruption, mais seulement du *molimen* fébrile

qui a précédé, a eu un effet préservatif complet chez des sujets soumis à la contagion de la petite-vérole : la Section craindrait, en provoquant le renouvellement intégral du virus vaccin, de préjuger une question déjà présentée dans plusieurs circonstances, mais qui ne peut être éclairée que par des faits nombreux; elle craindrait aussi de diminuer la confiance que mérite la vaccine. Mais, désirant accumuler tous les renseignemens propres à hâter la solution de ce sujet important, elle décide qu'elle proposera au Congrès :

« D'inviter les médecins à faire savoir, au prochain Congrès,
« s'ils ont remarqué quelques modifications dans la marche,
« les caractères extérieurs et les vertus préservatrices de la vac-
« cine. »

M. Ameline a ensuite fait une exposition générale de son système d'anatomie artificielle, à laquelle ont assisté plusieurs membres du congrès étrangers à la section de médecine. Depuis long-temps les médecins de Caen, de Paris et de Londres, l'Institut, ainsi que plusieurs autres corps savans, ont pu apprécier le mérite de ces pièces, en même temps que le génie inventif et l'infatigable persévérance de l'auteur; mais les personnes étrangères à la médecine y voient, de plus, un moyen de prendre une connaissance suffisante pour eux de l'organisation animale, sans avoir à subir les dégoûts et les dangers que présente l'étude de la nature elle-même.

Le temps consacré, dans les séances précédentes, à

l'examen de la grave question d'organisation médicale et la clôture trop rapprochée du congrès, n'ont pas permis à la Section d'entendre et d'examiner plusieurs autres communications qui lui auraient été faites. Elle doit mentionner celles qui lui ont été annoncées ou déposées dans ses archives :

Un Mémoire sur le *Système homœopathique du docteur Hahneman*, par M. *Carault*, de Rouen ;

Une observation et des réflexions sur le *Choléra-morbus*, par M. *Jourdain*, de Bayeux ;

La présentation d'un instrument destiné à la résection du col de l'utérus, par M. *Liégard*, de Caen ;

Un Mémoire sur *l'influence du Sol normand sur la culture des Sciences*, par M. *Duval*, de Paris ;

Une observation de *syndactilie double*, ou réunion congéniale des orteils à l'un et à l'autre, chez quinze individus de la même famille, depuis le bisaïeul jusqu'à ses arrières-petits-fils, par M. *Le Clerc*, de Caen ;

Des observations sur le *Tétanos*, par M. *Regnault*, de Caen ;

Des observations et des réflexions sur *l'emploi du Tartre stibié à haute dose*, par M. *La Fosse*.

<table>
<tr><td>Le Secrétaire de la Section,</td><td>Le Président de la Section,</td></tr>
<tr><td>La Fosse, de Caen.</td><td>Duval, de Paris.</td></tr>
</table>

Archéologie et Histoire.

—

Sur la proposition motivée de M. Deville, touchant l'ordre à adopter pour les travaux de la Section, il est arrêté, conformément à ses conclusions, que la section s'occupera principalement, et avant tout, des questions et des propositions d'intérêt général, qui, après leur adoption, seront soumises au Congrès par l'organe du secrétaire. Les lectures de mémoires et les communications particulières n'auront lieu qu'en second ordre.

Cette marche paraît à la section la plus conforme aux vues qui doivent animer le Congrès, et la plus propre à imprimer une direction utile à ses travaux.

Lecture est donnée d'une proposition de M. Houel, de Louviers, tendant à inviter les archéologues et amateurs normands à envoyer à la Société des Antiquaires de Caen le catalogue de leurs collections en sculpture, médailles, etc., en ce qui concerne la Normandie.

Sur l'observation, appuyée par plusieurs membres,

Séance
du 21 juillet.
—
Proposition
de
M. Deville.

Séance
du 21 juillet.
—
Proposition
de
M. Houel.

que la mesure, bonne en elle-même, devrait, dans l'intérêt de la science, et d'après les principes adoptés par l'assemblée, non pas être bornée seulement à une localité, mais étendue à toute la France et plus généralisée, la section formule ainsi la résolution:

« Le Congrès invitera tous les antiquaires et amateurs de
« France, possesseurs de collections d'objets d'art et d'anti-
« quités, à en dresser le catalogue et à en donner communica-
« tion à la Société savante la plus voisine.

« La même invitation sera adressée aux sociétés savantes elles-
« mêmes et aux conservateurs de collections publiques, en les
« engageant à faire entre eux un échange de leurs catalogues
« respectifs. »

M. Deville obtient la parole pour exposer qu'un très grand nombre de villes en France possèdent des richesses inappréciables pour l'étude de l'histoire nationale, dans les débris des anciennes archives des établissemens publics et religieux qui ont échappé aux désastres révolutionnaires de 1793, et qui, presque partout, languissent dans un état d'abandon et de dépérissement difficile à décrire. Il émet le vœu que ces précieux monumens, chartes, registres, cartulaires, etc., soient enfin sauvés de la destruction qui les menace, et rendus au monde savant et au pays qui ont le bonheur de les posséder. Mais ce serait peu, suivant lui, de les exhumer des greniers ou des caveaux dans lesquels ils pourrissent, si on ne plaçait, à la tête des dépôts destinés à les recevoir, des hommes en état de lire, de comprendre, de classer, d'étudier ces anciennes pièces manuscrites, et déjà familiarisés avec l'étude des traditions, des coutumes et de la géographie locales. S'il n'était pas possible d'obtenir, pour chaque département, un semblable établissement, ce qui serait si désirable, on pourrait, au moins, demander qu'il en fût créé un par réunion de départemens répondant à l'ancienne division provinciale, et qui serait, alors, placé dans l'ancien chef-lieu de la province.

M. *Deville* formule ainsi sa proposition :

« Le Congrès emploiera tous les moyens en son pouvoir,
« tant par la publicité, qu'en s'adressant aux autorités compé
« tentes, pour obtenir que chaque département, ou tout au
« moins une réunion de départemens répondant, autant que
« possible, à l'ancienne division provinciale, puisse, de droit,
« envoyer à l'École des chartes à Paris, un élève qui, plus tard,
« après avoir subi les examens convenables, serait placé dans le
« principal dépôt de la circonscription comme archiviste, et qui
« serait chargé de l'examen, du classement et de la conservation
« des chartes et autres pièces manuscrites. »

Personne ne conteste la nécessité de s'occuper enfin de réunir les chartes, cartulaires, tous les titres généralement, dispersés maintenant et qui jettent un si grand jour sur l'histoire nationale ; mais des objections s'élèvent sur la difficulté qu'il y aura de faire concourir au même but plusieurs départemens qui n'en sentiraient pas également l'utilité ; sur la part proportionnelle à attribuer à chacun dans ces dépenses ; sur les conséquences que pourraient tirer certains, de cette réunion de départemens qui rappellent l'ancienne division par provinces, seul moyen cependant de faire concorder l'histoire des temps passés avec celle des temps actuels ; sur la difficulté que présenteraient peut-être quelques-unes de ces agglomérations pour la désignation de la ville où serait établi le dépôt principal, et pour le choix de l'élève à envoyer à l'école des Chartes.

A la suite de cette discussion, la proposition est adoptée.

La proposition suivante, présentée et développée par M. GALERON, est également adoptée.

« Le Congrès est engagé à faire sentir aux sociétés savantes « des départemens l'intérêt que présenterait la publication de « biographies et de bibliographies locales, soit par département, « soit par province, et à les inviter à s'occuper de ce travail. »

M. Auguste LE PREVOST, de Bernay, expose combien il serait intéressant pour l'étude de l'histoire nationale appliquée aux temps anciens, de recueillir, et par suite de publier tous les noms de lieux, en les relevant, soit d'après les inscriptions, soit dans les actes originaux contemporains, et d'indiquer avec précision à quelles localités modernes ils s'appliquent. Il résume ainsi sa proposition :

« Proposer au Congrès d'engager toutes les Compagnies aca- « démiques de France à recueillir tous les noms de lieux appar- « tenant au territoire soumis à leurs recherches, qu'ils soient « fournis par les documens historiques originaux, par les chartes « ou par les inscriptions, et à les publier, sous la forme la plus « exacte, avec l'indication la plus précise que possible des lo- « calités qui les représentent dans la topographie actuelle de « la France. »

La Section adopte la proposition, mais décide que le travail demandé sera étendu aux anciennes divisions territoriales, soit ecclésiastiques, soit civiles.

Le même accueil est fait à la proposition suivante, lue et développée par M. DE STABENRATH, de Rouen : *Proposition de M. de Stabenrath.*

« Engager les Sociétés savantes à former une statistique « monumentale de la France, divisée par époques celtique, « romaine et du moyen-âge, à l'instar de ce qui a été fait pour « plusieurs départemens de la Normandie et dans quelques « autres parties de la France. »

La demande, soulevée par un membre, d'une statistique générale, est écartée, comme rentrant, en principe, dans les attributions de la Société d'économie sociale, et quant à la partie qui pourrait concerner l'archéologie, comme se trouvant répondue par l'adoption de la proposition de M. *de Stabenrath.*

Tendre à répandre le goût des connaissances archéologiques, dans le double dessein d'appeler un plus grand nombre de personnes à apprécier nos richesses monumentales, et de les intéresser à leur conservation : tel est le but de la proposition présentée par M. Isidore LEBRUN, et que la Section soumettra au Congrès en ces termes : *Proposition de M. Isidore Lebrun.*

« Engager l'Université à admettre dans l'enseignement « quelques notions d'archéologie nationale. »

M. *de Caumont,* pour faciliter l'application de cette mesure, s'offre de rédiger et de faire imprimer, sous forme de manuel, un résumé de son cours général d'archéologie. La section applaudit à cette heureuse idée, et adresse ses félicitations à M. *de Caumont.*

Une seconde proposition de M. *Isidore Lebrun,* après avoir été développée par son auteur, est accueillie, dans les termes suivans : *Autre proposition de M. Isidore Lebrun.*

« Le Congrès sollicitera la création de Musées d'antiquités
« nationales, dans tous les chefs-lieux de département au moins.

« Les collecteurs sont engagés à ne pas négliger les objets
« relatifs aux usages domestiques et industriels. »

M. DE LA CHOUQUAIS lit un Mémoire de M. Edwart-
Herbert SMITH, membre de l'université de Cambridge,
*sur la vie et les principaux ouvrages de Samuel Bo-
chart.*

Samuel Bochart naquit à Rouen, en 1599, d'une
famille noble. Il fit ses études à Paris, puis à Sedan, et
les termina à Saumur, où il prit pour les langues orien-
tales un goût qui décida de sa vie.

La guerre civile étant survenue, il passa en Angleterre avec Caméron son maître, de là à Leyde, où, dans
l'espace de deux ans, il apprit l'arabe, le chaldéen et le
syriaque.

A son retour en France, il fut appelé, par l'unanimité
des réformés de Caen, à une des chaires évangéliques
de cette ville, et s'y distingua par son zèle et comme
controversiste.

En 1630, il avait fait un dictionnaire de langue
arabe; en 1637, il composa, sur *l'Histoire des anciens
Gaulois* par Gosselin, un examen critique, qui ne vit le
jour qu'en 1692, après la mort des deux antagonistes.

Ce fut en 1646 que le monde savant put jouir de sa
grande composition : *Geographia sacra*, objet, dès son
apparition, d'une admiration européenne.

Christine appela à elle le savant Bochart. Il passa une
année en Suède. Sa présence au synode de Loudun, en
1659, comme représentant des réformés de sa province,

plusieurs opuscules de controverse, signalèrent son retour en France.

Enfin apparut son Histoire des animaux de la Bible, qui mit le sceau à sa réputation. Il se proposait de compléter cet ouvrage, en faisant, pour l'histoire des plantes et des minéraux, ce qu'il avait fait pour la zoologie ; mais la mort le surprit, en 1667, au milieu de ce grand travail.

Cet homme, tout à la science, devait mourir au milieu d'une séance académique.

« Engager les sociétés savantes et les antiquaires à indiquer, « sur des cartes, les traces et la direction des voies romaines « encore existantes ou reconnues antérieurement. »

Séance
du 23 juillet.

Proposition
du M. de
Stabenrath.

Telle est la proposition que M. de STABENRATH désirerait que la section soumît au Congrès.

Cette proposition, appuyée par M. *de la Fontenelle*, est adoptée.

M. GALERON, de Falaise, rappelle à l'assemblée que le gouvernement, dans la louable intention de soustraire, autant qu'il est en lui, nos anciens monumens historiques à la destruction qui les menace ou à l'oubli qui pèse sur eux, a désigné M. *Ludovic Vitet* pour remplir cette honorable et difficile mission. Des inspecteurs divisionnaires ont été choisis, dans un assez grand nombre de départemens, pour aider et suppléer l'inspecteur général. M. *Galeron* se plaint que presque aucun d'entre eux n'ait encore reçu l'avis officiel de sa nomination.

Proposition
de
M. Galeron

Privés de caractère légal, par conséquent sans titres et sans force auprès des autorités locales, comment, malgré leur zèle, pourraient-ils concourir au but que s'est proposé le gouvernement, et auquel tous les amis de l'art et de la gloire nationale ont si vivement applaudi ? C'est pour remplir cette lacune que M. Galeron demande :

« Que le Congrès prie le Ministre compétent de faire recon-
« naître officiellement, des autorités locales, les conservateurs
« et sous-conservateurs divisionnaires adjoints à l'inspecteur-
« général de monumens historiques, et de fixer leurs droits et
« leurs attributions. »

Cette résolution, appuyée de toutes parts, sera soumise au Congrès dans les termes ci-dessus.

M. Du Quesnay, de Bayeux, présente verbalement l'aperçu de son mémoire historique sur les travaux exécutés par les armées romaines. Il résulte des recherches de l'auteur que ce n'est que sous les empereurs que les armées romaines ont dû être occupées à des travaux d'utilité publique, et que ceux qu'ils ont exécutés sont, tant pour le nombre que pour l'importance, bien au-dessous de ce qu'on se plaît généralement à leur attribuer. L'assemblée, qui a entendu cette communication avec un vif intérêt, engage M. *Du Quesnay* à faire jouir le monde savant de son travail '.

(en marge) Communication de M. Du Quesnay.

' M. *Deville*, secrétaire de la section, étant forcé de s'absenter, la section choisit M. *de la Saussaye*, de Blois, pour le remplacer.

Séance
du 4 juillet.
—
Communication
de M. Canel.

M. Canel, de Pont-Audemer, expose au comité que beaucoup de villes, en France, manquent de bibliothèques publiques; qu'un certain nombre de documens historiques locaux manuscrits, épars dans les départemens, fourniraient, s'ils étaient publiés, des ressources nouvelles aux amis de l'histoire, et que plusieurs autres livres, anciennement imprimés, relatifs aux histoires locales, ne se trouvent plus dans le commerce. Il désirerait aussi que la section appelât l'attention du Congrès sur la précieuse collection des historiens de France, commencée par D. Bouquet, dont la publication se fait avec beaucoup de lenteur, et il recherche quels seraient les moyens de l'accélérer?

Après une discussion, dans laquelle sont entendus MM. *Auguste Le Prevost*, *Galeron*, *de Stabenrath*, *du Quesnay* et *de la Saussaye*, la section décide que les propositions suivantes seront présentées au Congrès :

« Le Congrès émet le vœu , 1° qu'il soit formé des biblio-
« thèques par arrondissement, et que l'on s'occupe spécialement
« d'y réunir tous les ouvrages qui concernent la localité, à
« quelque titre que ce soit ;

« 2° Que le gouvernement, les conseils généraux et les
« sociétés savantes, encouragent de tout leur pouvoir la
« publication des documens historiques et descriptifs locaux
« inédits, et la réimpression de ceux qui viendraient à manquer
« dans le commerce ;

« 3° Que le gouvernement accélère, par tous les moyens qui
« sont en son pouvoir, la continuation de la collection des
« historiens de France, commencée par D. Bouquet. »

M. de la Saussaye fait la proposition suivante:

« Le Congrès engagera les sociétés savantes, les antiquaires
« et amateurs, à publier toutes les monnaies des rois, prélats
« et barons de France, qu'ils ont en leur possession. »

M. *de la Saussaye* développe sa proposition, qui est
fondée sur la nécessité d'encourager une partie de la
science numismatique négligée par beaucoup d'antiquaires, et qui offre, cependant, une véritable importance,
sous le double rapport de l'histoire et de l'art. Il pense
que la science des médailles grecques et romaines, dont
on s'occupe davantage, a été tellement cultivée, qu'elle
ne sera bientôt plus qu'une science de nomenclateur,
tandis que celle des monnaies françaises est encore à
l'état de critique: les livres de Le Blanc et Duby sont
devenus insuffisans, et même celui de M. Ainsworth laisse
beaucoup à désirer. Il ne doute pas que, si les diverses
collections monétaires qui existent en France étaient
publiées, on ne parvînt à compléter les ouvrages qui
viennent d'être cités, ou à les refondre dans un nouveau travail, d'un intérêt tout particulier pour nous,
puisqu'il tiendrait à l'histoire de la France.

Sur l'observation de M. *Le Prevost*, que l'étude des
médailles gauloises se recommande aux mêmes titres que
celle des monnaies françaises, la section décide que la proposition de M. *de la Saussaye* sera adoptée, en l'étendant
aux médailles de l'époque gauloise.

La section entend ensuite la lecture d'un mémoire de
M. **Baudot** sur la découverte des restes d'un monument

de l'antiquité près de Gissey-sur-Ouche, département de la Côte-d'Or.

Les dessins que donne M. *Baudot*, et une description détaillée, ne permettent pas de douter que les restes de ce curieux monument n'aient appartenu à des étuves antiques. Des mosaïques, des peintures à fresque et des marbres précieux étaient employés dans leur décoration, et la découverte des étuves de Gissey fournit des renseignemens très importans sur l'ordonnance de ces sortes d'édifices dans les Gaules.

Un assez grand nombre de médailles de Néron furent trouvées à peu de distance de ces étuves, ainsi que d'autres constructions de l'époque romaine, telles qu'un bassin de seize pieds de long sur dix de large, qui devait être alimenté par les eaux de l'Ouche, et un aqueduc, qui devait conduire aux étuves les eaux d'une fontaine anciennement consacrée, et qui porte encore le nom de *fontaine Sainte-Eaux* (sic). On lui attribue toujours des vertus merveilleuses, et ce fut sans doute pour détruire le souvenir de l'ancienne consécration payenne, que le christianisme édifia plus tard, à côté de cette source, une chapelle dont on voit encore les restes.

M. *Baudot* termine son mémoire en émettant l'opinion que les Romains, pour la décoration des édifices qu'ils élevaient dans les Gaules, ne faisaient point venir, à grands frais, comme on le croit communément, des marbres précieux de l'Égypte, de la Grèce ou de l'Italie, mais que tous les matériaux qu'ils employaient étaient tirés du sol gaulois. Il applique cette opinion à l'examen de tous les objets qui appartenaient à la décoration des étuves de Gissey, et indique les localités de notre pays qui auraient pu les fournir.

M. *Baudot* a paru pleinement justifier, dans son mémoire, l'épigraphe qu'il avait empruntée à Pline :

« *Vestigiis novitatem dare, obscuris lucem, dubiis fidem.* »

Séance du 25 juillet.

—

Lettre de M. de Crazannes.

M. DE CAUMONT donne lecture de deux lettres qui intéressent particulièrement la section.

Dans la première, M. *de Crazannes* annonce au Congrès qu'il va être exécuté des fouilles dans l'ancien cirque de Saintes ; que les restes d'un aqueduc antique vont être également explorés, et que la présence de M. *Vitet*, inspecteur-général des monumens historiques, a déterminé la translation du Musée dans un lieu plus convenable que celui où il se trouvait.

Lettre de M. de Golbery.

La section prend en considération la proposition contenue dans la seconde, de M. *de Golbery*, qui invite le Congrès

« A encourager un projet formé par plusieurs savans, de se
« rendre en pélerinage à Pompéi, en traversant la France et la
« haute Italie, et en observant leurs monumens. »

Proposition de M. Isidore Lebrun.

Sur la proposition présentée par M. Isidore LEBRUN, et soutenue par MM. *Le Prevost* et *de la Fontenelle*, la section décide que le Congrès sera prié,

« 1° D'appeler l'attention des sociétés savantes et des amis
« de l'histoire, sur la nécessité de recueillir et publier tous les
« renseignemens encore existans, relatifs aux familles françaises
« d'origine qui ont émigré dans l'Inde et l'Amérique, aux xvie,
« xviie et xviiie siècles ;

« 2° De recommander aussi aux recherches des Sociétés savantes
« et des amis de l'histoire , l'utilité pressante de recueillir et
« publier tous les renseignemens inédits qui subsistent encore
« relativement aux travaux et aux découvertes des navigateurs
« français, depuis le moyen-âge jusqu'au xviie siècle. »

M. A. LE PREVOST fait comprendre , par quelques développemens , toute l'importance de la proposition suivante , qui est adoptée :

Proposition de M. A. Le Prevost.

« Le Congrès émettra le vœu que la publication des *Tables*
« *chronologiques des chartes et titres concernant l'histoire de*
« *France*, soit continuée et étendue aux titres manuscrits. »

M. JULLIEN , de Paris , appelle l'attention du comité sur le *Géoroma* , sphère monumentale de 54 pieds de hauteur et de 44 pieds de diamètre, destinée à être vue intérieurement et à donner une intuition plus exacte et plus complète du globe, et à rendre plus facile et plus attrayante l'étude de la géographie. M. *Jullien* excite au plus haut point l'intérêt du comité, en lui rendant compte des travaux de l'auteur de cette machine si ingénieuse et si utile, feu M. Delanglard , qui consacra sa fortune et sa vie à l'exécuter, et qui, ruiné par une entreprise au-dessus de ses moyens, fut se réfugier en Angleterre, où il mourut dans la douleur et dans la misère, secouru seulement par un de nos honorables et généreux compatriotes, le célèbre ingénieur Brunel.

Communication et proposition de M. Jullien.

La veuve et les enfans de M. Delanglard assistent avec désespoir à la démolition , déjà très avancée, d'une production de génie sur laquelle cette malheureuse famille fondait son avenir. Le serrurier possesseur actuel de ce magnifique travail, doit, dans trois mois, en livrer les débris, pour être vendus et livrés aux usages les plus vils.

M. *Jullien* pense que si le Congrès joignait ses vœux à ceux qu'ont exprimés, sur le même sujet, plusieurs sociétés savantes de la capitale et plusieurs amis de la géographie, il intéresserait puissamment le gouvernement à la conservation de l'un des monumens les plus anciens élevés à la science.

La section, adoptant les conclusions de M. *Jullien*, décide que la proposition suivante sera soumise à l'approbation du Congrès.

« Le Congrès émettra le vœu que le *Géorama*, qui avait été « construit à Paris par feu M. Delanglard, et qui vient d'être « démoli, mais dont les différentes parties ont été soigneuse- « ment conservées, puisse être remonté et restauré, et servir « à l'enseignement des sciences géographiques. »

Communication de
M. Roberton.

M. Roberton donne communication à la section d'un crâne trouvé dans la tombelle de Fontenay-le-Marmion, près Caen. Il y reconnaît les traits caractéristiques d'un crâne de femme, et il a remarqué également que tous les ossemens provenant de la fouille de cette tombelle avaient dû appartenir à des individus du sexe féminin : il fait voir que les dents, qui étaient celles d'une personne encore jeune, sont usées d'une manière extraordinaire, et que cela pourrait venir de ce qu'elles n'auraient été employées qu'à broyer des racines. Examinant ensuite le crâne, en s'aidant des conjectures de la phrénologie, il trouve que le sentiment de l'affection maternelle et le sentiment religieux y sont très développés, et il ne serait pas éloigné de penser, en y apportant toute la réserve que demande une telle supposition, que la tombelle de Marmion servait de lieu de sépulture à des prêtresses de la religion des Gaulois.

M. Galeron présente quelques ossemens provenant d'une fouille faite dans un monument semblable à Erne : ceux-ci appartenaient à des individus d'une taille bien plus élevée, et probablement du sexe masculin.

M. DE LA FONTENELLE donne lecture d'un fragment intitulé : *Le monastère d'Engeric*, tiré de son *Histoire des comtes de Poitou, ducs d'Aquitaine.*

Après quelques observations préliminaires sur l'esprit du moyen-âge et ses idées religieuses, l'auteur déclare que si, en écrivant des faits de cette époque, il emploie les lumières de la critique moderne, il suit en cela les traces de quelques hommes que l'église honore, et qui n'ont pas craint de débarrasser la vérité des fictions inventées dans des temps où la foi était vive et le monde peu éclairé.

Il raconte ensuite qu'en l'année 1010, Alduin, abbé du monastère d'Engeric, en faisant creuser des fondations, découvrit un crâne humain enchâssé dans une pierre pyramidale ; on fit, dit-il, passer ce crâne pour celui de saint Jean-Baptiste, qui avait été enterré et caché pendant les ravages des Normands. Bientôt cette relique attira une multitude de pélerins pieux, venus de tous côtés. Guillaume-le-Grand, comte de Poitou et duc d'Aquitaine, combla l'abbaye de ses bienfaits, lui donna pour servir de reliquaire une belle coupe d'or, et établit sa demeure près des rives de la Boutonne ; mais, un jour, les vassaux du duc se prirent de querelle avec ceux de l'abbaye, ces derniers incendièrent le palais de Guillaume, qui abandonna, sans se venger, cette résidence. L'abbaye posséda bientôt d'immenses richesses, et la ville de Saint-Jean-d'Angely doit son origine aux habitations qui s'élevèrent à l'entour des dépositaires de la vénérable relique.

La section a entendu, avec beaucoup d'intérêt, la lecture du fragment de M. *de la Fontenelle,* que nous venons d'analyser.

Note de M. Després. M. l'abbé *Piton-Després* signale, dans une note qui n'a pu être lue, que le vandalisme ne cesse d'exercer ses ravages, malgré les efforts des amis de nos monumens. Tout récemment encore, on a démoli à Coutances une partie de l'aqueduc des Piliers ; et un fabricien de la Cathédrale a fait brûler, pendant trois jours entiers, des papiers provenant du chartrier de cette église !

Le terme des travaux du Congrès n'a pas permis d'entendre les morceaux suivans qui restaient inscrits :

1º Une série de notices biographiques, tirées de la partie inédite des *Ephémérides normandes,* de M. *Lange.*

2º Des considérations sur *l'histoire du Poitou,* par M. *Hippeau.*

3º Une communication verbale de M. *de la Saussaye,* sur les ressources que peuvent offrir le Blésois et la Sologne, sous le rapport de l'archéologie et de l'histoire.

4º *Chronique de l'église de Tremblevif en Sologne,* par M. *de la Saussaye.*

5° *Essai d'une classification chronologique des châteaux ou forteresses du -âmoyenge*, par M. *de Caumont*.

6° *Exposé du plan qui a été suivi pour recueillir les élémens d'une statistique monumentale du Calvados*, par M. *de Caumont*.

7° *Notice sur quelques antiquités du département de la Côte-d'Or*, par M. *Baudrot*, de Dijon.

8° *Étrennes coutançaises*, par M. l'abbé *Piton-Després*.

9° *Fragment d'un grand travail sur les Sceaux du moyen âge*, par M. *Léchaudé d'Anisy*.

Les Secrétaires de la Section,	*Le Président de la Section,*
A. Deville, de Rouen.	De la Fontenelle de Vaudoré,
De la Saussaye, de Blois.	de Poitiers.

CINQUIÈME SECTION.

Littérature et Beaux-Arts.

M. Spencer Smith, de Caen, fait connaître, par l'organe de M. Auguste Le Prévost, de Bernay, une notice sur une inscription siculo-normande, découverte à Mont-Réal, près de Palerme.

Cette inscription, répétée en trois langues, présente, dans ses trois versions, un sens à peu près identique :

« Ci-gît Drogo, père de Grisant, chapelain du roi de Sicile « Guillaume. Il est enterré dans cet oratoire, que son fils Grisant « a édifié sur la sépulture de sa mère Anne. »

M. *Spencer Smith* n'a pas vu cette inscription : elle lui a été transmise de Sicile par l'obligeance d'un ami. Suivant les détails qui lui ont été communiqués, les trois légendes, chacune avec la date particulière à la religion du peuple dont on a emprunté la langue, sont gravées à la suite l'une de l'autre sur une même pierre.

La première, en grec, porte la date de l'an 6662 (supputé) de la création du monde.

La deuxième, en latin, l'an de l'ère chrétienne 1154.

La troisième, en arabe, l'an de l'hégire 548.

Cette date et les noms que contient l'inscription, rappellent une des plus belles pages de l'histoire de Normandie ; lorsque les enfans de Tancrède de Hauteville, heureux aventuriers, s'emparèrent de la Sicile, qu'ils gouvernèrent avec éclat, aux applaudissemens de tous les peuples de l'époque.

Ce fut un temps fertile en grands événemens.

La Palestine, l'Angleterre déjà subjuguée, portent partout les traces d'exploits non moins merveilleux des hommes de race scandinave. M. *Smith*, quoique anglais, n'hésite pas à le proclamer.

« Nulle part, dit-il, la renommée de vos ancêtres ne « trouve plus d'écho que dans les Iles Britanniques. « Leur noms sont toujours en honneur chez leur des- « cendans insulaires, et se trouvent portés par beaucoup « de familles anglaises. »

M. *Smith* jette en passant quelques considérations sur l'intime liaison qui se trouve entre l'histoire des langues et celle des peuples.

Il croit pouvoir affirmer qu'à l'exception de l'exemplaire qui lui est parvenu, il n'a, jusqu'à ce jour, été rien publié sur cette inscription. Il ne croit pas même qu'elle ait encore attiré l'attention des antiquaires.

En terminant, il dépose sur le bureau un fac-simile de cette épitaphe.

L'intérêt qui s'était attaché à la notice de M. *Spencer Smith* est partagé par un petit poème de M. Alphonse LE FLAGUAIS, de Caen, lu par M. Aug. LE FLAGUAIS son frère.

Poème de M. Alphonse Le Flaguais.

Il porte pour titre : *le Château de Creuilly.*

Le château de Creuilly est un de ces vieux monumens dont la Normandie offre encore tant de restes remarquables, soit sous le rapport architectoral, soit sous le rapport historique.

En remontant, avec l'auteur, dans le cours des anciens âges, on découvre qu'il fut, à une époque reculée, la demeure d'un de ces fiers barons qui, humiliés d'obéir à un bâtard, à un enfant, osèrent dans leur orgueil s'attaquer à la fortune et à l'habileté de Guillaume. C'était Hamon-aux-Dents, dit le Hardi; il paya de sa vie, sur le champ de bataille, sa témérité.

Si cette trahison de Hamon-le-Hardi avait pu imprimer à l'antique castel une tache de réprobation, elle aurait été bien lavée par le courage héroïque avec lequel Guillaume de Creuilly versa son sang pour repousser les masses victorieuses de Henri V. Ce guerrier patriote, avec une poignée de braves, fit une défense désespérée, et ne succomba que sous le nombre. Accablé, il eut la douleur de voir le domaine de ses aïeux passer en des mains étrangères.

Avant lui, d'autres preux, de fougueux paladins, de pieux croisés, y avaient reçu le jour.

> « Oh! s'ils pouvaient parler, ces témoins que je vois,
> Si ces pierres vivaient et prenaient une voix,
> Si ces longs corridors, si ces hautes tourelles,
> Si ces rides du temps qui se gravent sur elles,
> Si ce vernis sacré, date écrite par Dieu,
> Si ces forts racontaient l'histoire de ce lieu :
> Quel parfum du passé couvrirait ses murailles,
> Quels récits de dangers, de succès, de batailles,
> Quels doux tableaux de jeux, de fêtes, de tournois,
> De fidèles amours, ces amours d'autrefois! »

L'histoire a conservé le souvenir de deux de ses tendres, mais altières châtelaines, Marie de Montauban et Sylvia de Rohan.

La poésie qui colore toute cette époque et se réfléchit, tantôt vive, tantôt mélancolique, dans les chants de M. *Le Flaguais*, ne lui ferme pas les yeux sur les abus du régime féodal.

> « Tout ne fut pas valeur et magnanimité,
> Tout ne fut pas vertu dans ce lieu redouté ;
> Souvent ces bons seigneurs, effroi des monastères,
> Des autres châtelains allaient piller les terres.
> . . . .
> Le droit du plus puissant c'était le droit d'alors. »

Guidé par son imagination créatrice, l'auteur parcourt et reconstruit, par la pensée, tous ces vieux appartemens, aujourd'hui délabrés, ou déserts et silencieux, mais alors retentissans sous les pas des pages, des varlets, des guerriers pesamment armés. Il croit entendre le son de la harpe se mêler à la voix des troubadours, à des accens plaintifs Il évoque des souvenirs, et une romance lugubre vient frapper son esprit, et lui révéler les crimes dont fut témoin ce château, effroi du voisinage.

Dans des temps plus rapprochés, après avoir appartenu à la famille provençale des Silans, il passa dans les domaines de Colbert, et maintenant il est la propriété et la résidence de la famille de Saffrai.

C'est à Mme de Saffrai que M. *Le Flaguais* fait hommage de son poème.

> « Blanche, tel est son nom : plus belle châtelaine
> Jamais, au temps jadis, n'habita ce domaine.
> Une famille heureuse embellit son destin,
> Et son enfant charmant dort bercé sur son sein.

....
..............................,......................

> Blanche, oh ! veillez du moins sur ces débris si beaux !
> Ne met-on pas un ange à garder des tombeaux ? »

Aussi Creuilly est resté presque intact au milieu de tant de mutilations.

Ce poème de M. *Le Flaguais* est une énergique protestation, ajoutée à tant d'autres, contre le vandalisme qui détruit sans pitié nos monumens, et contre cet autre vandalisme, plus ignoble encore, qui les salit de ses restaurations et les défigure par des anachronismes.

Proposition de M. Jullien. M. JULLIEN, de Paris, expose que, tout en rendant justice au mérite bien réel des deux compositions dont la section vient d'entendre la lecture, ces occupations ne répondent pas complétement à la pensée qui doit animer le Congrès ; que, suivant lui, il faudrait, avant tout, s'occuper d'organiser les moyens de rapprocher, par un lien commun, les diverses Sociétés françaises et même celles des pays étrangers.

En conséquence, il demande que la section soumette au Congrès la proposition de faire paraître un recueil annuel de ce qui se trouverait de plus remarquable et de plus utile dans les publications des Sociétés françaises et étrangères.

Une commission de cinq Membres, MM. *Alfred de Guyon*, d'Argentan ; *Jullien*, de Paris, *Le Cerf*, de Caen ; *Jules Le Chevalier*, de Paris, et *Maillet-Lacoste*, de Caen, est nommée pour présenter à la séance du 22 un rapport sur cette proposition.

L'ordre du jour est le rapport de la Commission nommée dans la précédente séance, pour examiner la proposition de M. JULLIEN, de Paris.

Séance
du 22 juillet.
—
Rapport
de
M. Jullien.

M. Jullien, organe de cette Commission, a la parole :

« Messieurs. La Commission à laquelle vous avez renvoyé la proposition d'examiner par quels moyens, non-seulement cette section, mais le Congrès scientifique lui-même, peut le mieux remplir sa véritable destination et nous garantir des écarts qui nous éloigneraient de notre but et nous feraient perdre un temps précieux, a reconnu qu'une question aussi importante et aussi compliquée intéresse le Congrès tout entier, puisqu'il s'agit du mode de travail qu'il doit suivre et d'une sorte de méthode d'organisation des congrès scientifiques, dont celui-ci est le premier exemple en France.

» Elle a l'honneur de vous proposer d'inviter, par l'intermédiaire du bureau du Congrès, puisque le Congrès lui-même n'a point aujourd'hui de réunion générale, les différentes sections à lui adjoindre chacune deux commissaires, pour s'occuper de concert à poser les bases, ou d'un projet de réglement, ou d'un programme qui, en épargnant au Congrès de l'année prochaine les embarras et les tâtonnemens que le nôtre a dû naturellement éprouver, et sans enchaîner d'aucune manière l'avenir, rende à ce Congrès nouveau sa route plus facile, sa marche plus sûre, et lui offre, au moins, un commencement de direction. »

M. le rapporteur pense qu'une commission centrale, ou bureau intermédiaire composé de délégués du Congrès actuel, qui seront chargés, quoique épars dans des lieux différens, de s'entendre par correspondance pour suivre l'exécution des mesures qu'il aura recommandées, soit pour la convocation du prochain Congrès, soit, jusqu'à

11

un certain point, pour la coordination de ses opérations, servirait utilement de lien de continuité entre la première et la seconde de ces réunions, destinées à imprimer une plus forte impulsion, une plus grande activité, une direction meilleure aux travaux scientifiques et littéraires, et même à former peut-être peu à peu un véritable corps de science, substitué à l'état de confusion et de chaos où sont encore, à beaucoup d'égards, les connaissances humaines.

L'intention de la commission n'est pas de hasarder un projet de refonte ou d'extension des sections, suivant lesquelles ce Congrès a été divisé; mais elle se croit fondée à espérer que le prochain Congrès pourra se grouper en sections, d'après une division philosophique des sciences, qui, étant mieux élaborée et plus mûrie, sera aussi plus satisfaisante, plus propre à favoriser et bien établir les échanges que les diverses branches de nos connaissances doivent faire entre elles, et les secours mutuels qu'elles doivent se prêter. En cela consiste la véritable philosophie des sciences, seule propre à leur communiquer cette unité dans les vues et dans la direction, qui est pour elle un principe assuré de fécondité.

Les académies actuelles et locales sont trop souvent esclaves de leurs anciennes habitudes routinières, et à la fois exclusives et stationnaires.

Les Congrès scientifiques mobiles et périodiques, dont la ville de Caen est la première en France à réaliser l'heureuse conception, et qui devront se réunir successivement sur différens points, devenus, à leur tour, pendant la durée de ces congrès, de nouveaux centres d'activité intellectuelle, semblent devoir être éminemment favorables aux idées progressives. Des rapprochemens plus fréquens et plus intimes entre un grand nombre d'amis des sciences qui vivaient éloignés et étrangers les uns aux autres, produiront, avant peu d'années, leurs effets naturels et nécessaires : une meilleure organisation du travail intellectuel, une application mieux entendue de l'esprit d'association aux besoins de l'humanité.

« Je dois me borner ici, dit M. le rapporteur en terminant, à vous proposer de renvoyer l'examen des vues que nous n'avons fait qu'indiquer à la nouvelle commission composée de membres de chacune des six sections du congrès, qui est convoquée pour ce soir à huit heures, afin qu'elle puisse demain faire son rapport à l'assemblée générale.

« Quant à notre section de littérature, la commission a pensé qu'elle devait vous prier d'inviter les membres à mettre en avant des questions générales d'une certaine importance qui ne seront point discutées dans cette session, mais qui seront livrées aux méditations, et qui, déposées dans le compte rendu des travaux, donneront peut-être lieu à des mémoires d'un grand intérêt pour la session prochaine, et nous permettront beaucoup mieux d'atteindre notre but, que de simples lectures telles qu'on en fait dans les académies ordinaires, et qui nous feraient d'autant plus regretter le peu de temps que nous avons à passer ensemble, qu'elles auraient plus de mérite et qu'elles nous offriraient plus de charmes. »

Pour répondre à ce vœu, et de l'avis unanime de la section, M. le Président désigne MM. *Hippeau*, de Poitiers, et *Le Cerf*, de Caen, déjà nommé, pour l'accompagner avec le secrétaire de la section, et se rendre au sein de la commission, dont la mission, ainsi modifiée, consiste à présenter en assemblée générale un rapport sur la constitution du Congrès futur.

M. DE CAUMONT expose que les sociétés littéraires, telles qu'elles sont organisées, manquent d'ensemble, et par conséquent offrent rarement l'utilité qu'elles paraissent prendre pour but. Tandis que les Congrès, centres mobiles d'activité, satisferont à ce besoin qui depuis long-temps se fait sentir, de réunir en un seul faisceau des travaux qui, conçus dans des vues respectables sans doute, mais exécutés par des associations quelquefois rivales, presque toujours isolées, sans communication ni contact, s'éparpillent dans une diffusion stérile, et réclament une nouvelle élaboration, une harmonie, seuls élémens d'une publicité complète et profitable;

Que le moment est peut-être éloigné où l'on aura réalisé une unité aussi désirable; mais que c'est une raison de plus de ne pas mettre de retard dans la recherche et l'application des élémens de succès; que, d'ailleurs, ce sera le moyen de rendre aux corps littéraires l'éclat et l'influence qui doivent être leur partage;

Que le premier pas à faire dans cette voie serait d'obtenir, sans délai, une connaissance exacte des sociétés littéraires actuelles, et des secours qu'elles peuvent présenter au perfectionnement de l'état social, dans l'intérêt des sciences et pour le soulagement des classes laborieuses et souffrantes.

En conséquence, M. *de Caumont* propose : 1º une

enquête sur les sociétés de l'Ouest; 2° la nomination de cinq membres pour en présenter la statistique au prochain Congrès.

Et il soumet la question suivante :

« Quels sont les travaux les plus utiles pour les sociétés de pro- « vince, et comment doivent-elles répartir, entre leurs membres, « les recherches dont elles ont à s'occuper spécialement ? »

Au surplus, M. *de Caumont*, considérant les rapports de conformité qui se trouvent entre les considérations qu'il a présentées, et celles émises par M. *Jullien*, demande que sa proposition soit renvoyée à la commission qui vient d'être constituée. Cette proposition, appuyée par M. *Hippeau*, est adoptée.

M. Bénard, de Caen, lit, au nom de la Société philharmonique dont il est secrétaire, une notice sur cette société.

Fondée en 1826, elle trouva partout autour d'elle, et dès sa naissance, sympathie, appui et concours. Depuis, la marche ascendante de sa prospérité et de ses succès ne s'est pas ralentie, et en 1830 elle était déjà arrivée au plus haut point de splendeur. Cet élan fut merveilleusement secondé par le célèbre Choron, que Caen est fier d'avoir vu naître.

Dans le but de préparer et d'entretenir les talens, cette association créa un cours public et gratuit de chant, où bientôt l'élite de la société se donna rendez-vous.

Devenue à son tour société-modèle, son heureuse influence a fait établir, dans les villes de Saint-Lo, Alençon et Falaise, des réunions analogues.

Enfin, pour imprimer encore plus d'énergie à ses efforts et à ses relations, elle vient de proposer un prix consistant en une médaille d'or de trois cents francs, dans le but d'encourager la litttérature musicale.

M. *Bénard* exprime le vœu de voir reproduire ce Mémoire en assemblée générale du Congrès.

M. *Le Cerf*, de Caen, appelant l'attention de la section sur cette lecture, et signalant de nouveau les services rendus par la société dont M. *Bénard* vient de présenter un tableau si attrayant, pense qu'il serait convenable de provoquer, dans toutes les villes où ce serait possible, l'établissement de sociétés philharmoniques.

Poésies de madame Coueffin.

M. BERTRAND, de Caen, donne lecture de deux Élégies de la composition de madame COUEFFIN, de Bayeux :

Douleur d'une Mère qui ne peut allaiter son Enfant..

« Oui , celle-là connaît une ineffable joie,
   A qui le ciel accorde un enfant gracieux,
   En caressant son front où chaque jour déploie
       Plus de charme à ses yeux.

Durant les longues nuits, elle écoute, attentive,
     Le souffle de son doux sommeil ;
Lui chante à demi-voix la romance plaintive ,
Et reçoit, pour ses soins, un sourire au réveil.

Elle échauffe en ses mains deux petits pieds d'albâtre,
Et lorsqu'un jeune cri lui révèle la faim ,
En bénissant le sort, elle livre son sein
     A la bouche pure et folâtre.

Hélas ! tout ce bonheur pouvait m'être donné !
Le ciel, pour le comprendre, avait formé mon ame :
J'ai rêvé cet amour et sa céleste flamme ;
     Mais je le goûte empoisonné.

Mon enfant est semblable aux fleurs à peine écloses ;
Son sourire me plaît ainsi qu'un doux soleil ;
L'épine, cependant, est pour moi sous les roses,
Et l'amertume au fond de la coupe de miel.

C'est une autre qui vient, à sa plainte asservie,
Tandis qu'il pleure dans mes bras,
Lui prodiguer, contente, un lait pur et la vie,
Et moi je soupire tout bas !

Pourquoi dois-je épuiser cette souffrance amère ?
Pourquoi Dieu m'en veut-il imposer le long deuil ?
Est-ce donc qu'autrefois, au doux titre de mère,
J'ai tressailli de trop d'orgueil?

A-t-il voulu punir un instant de délire
Par ce regret constant qui doit suivre mes jours,
Lui qui veut, à lui seul, tous les chants de la lyre,
Lui jaloux de tous les amours? »

Dans la seconde élégie, Mad. *Coueffin* peint ce premier désenchantement de l'ame, lorsqu'aux brillantes illusions de l'amour succède la confiance un peu terne de l'amitié conjugale.

Cette pièce est terminée par la strophe suivante :

« Pourquoi vouloir fixer le bonheur sur la terre ?
Pourquoi, repris sans cesse à cette erreur si chère,
Lui redemandons-nous de nous tromper toujours ?
Pour moi, je n'y crois plus : j'ai cessé de l'attendre ;
Mais ce secret est triste, hélas ! et, pour l'apprendre,
Des larmes il faut le secours. »

De vifs applaudissemens prouvent à madame *Coueffin* tout l'intérêt que ces lectures inspirent et l'impression qu'elles produisent.

M. Detrussard, de Caen, a la parole pour une communication :

Il demande que le Congrès sollicite du Conseil municipal de Caen le déplacement de l'obélisque élevé pendant la restauration devant le Collége, près de l'église Saint-Etienne, pour le transporter sur la place du Lycée nouvellement construite, et lui donner une destination plus nationale, consistant à inscrire sur chacune de ses faces les noms des hommes qui ont le plus illustré la ville de Caen.

La section, par l'organe de son président, déclare que, tout en applaudissant aux vues patriotiques de M. *Detrussard*, elle ne peut prendre en considération cette proposition, qui sort des limites de ses attributions.

Séance
du 23 juillet.
—
Suite de la
proposition
de M. de
Caumont.

M. De Caumont annonce que la proposition qu'il a développée à la séance du 22, sur la nécessité de se procurer la statistique des sociétés littéraires de l'ouest, n'a pu être examinée par la commission qui en était saisie; que son intention était de la représenter aux méditations de la section; mais que, des membres du Congrès lui ayant fait craindre qu'on ne vît dans cette disposition quelque chose d'inquisitorial, contraire à la dignité et à l'indépendance des sociétés savantes ou au moins capable d'alarmer leur susceptibilité, d'éveiller leur inquiétude, il s'est décidé à la retirer, plutôt que de s'exposer à porter ombrage, encore bien qu'il persiste à trouver la mesure bonne en elle-même et féconde en heureux résultats.

M. Maillet-Lacoste, de Caen, présente de mémoire, dans une chaleureuse déclamation, quelques aperçus sur les éloges qu'un ami de la liberté peut adresser à un despote.

Il explique les circonstances qui lui ont inspiré les pensées qu'il soumet à la section ; puis il s'élève avec énergie contre les basses adulations auxquelles Cicéron descendit, d'abord envers Scylla et plus tard envers César ; contre les flatteries sans pudeur de Virgile et d'Horace pour Auguste ; et, passant à la révolution française, il déplore, entr'autres faiblesses, celle qui arracha à Chénier des panégyriques dont sa conscience devait s'indigner ; il flétrit les bassesses dont Napoléon au pouvoir fut l'objet, et que ses courtisans désavouèrent lorsqu'il fut tombé.

Communication de
M. Maillet-Lacoste.

Le Secrétaire de la section est autorisé à donner lecture d'une notice déposée sur le bureau et relative au collége de Caen.

Notice sur le Collége de Caen.

Un site remarquable, les salles les plus spacieuses et les mieux aérées, une multitude d'escaliers et de corridors ; de nombreux dortoirs, divisés en autant de cellules que d'élèves et tenus avec la propreté et les attentions les plus minutieuses ; un immense réfectoire orné de tableaux peints par Lépicié, Restout, Bourdon et Mignard ; des salles d'étude munies des meilleurs ouvrages d'éducation, de tous les instrumens nécessaires à l'étude de la géographie, de la physique, de la chimie, et dont la collection va toujours s'augmentant ; une belle bibliothèque ; une chapelle dans l'intérieur du

collége, et avec cela de magnifiques promenades om-
bragées d'arbres : tels sont les avantages qui font du
collége, comme monument, un des plus beaux qui
existent en France.

Dire ensuite que cet établissement est dirigé par
M. l'abbé *Daniel*, c'est annoncer que l'éducation morale
et intellectuelle lui donne droit à des suffrages non
moins mérités.

Cette notice est terminée par une invitation faite
aux membres de la section de se transporter au collége, pour s'assurer par eux-mêmes de l'exactitude de
l'éloge.

Proposition
de M.
Hippeau.

M. Hippeau, de Poitiers, a la parole : il se livre à
une importante discussion sur les études universitaires ;
il aperçoit des vices nombreux dans l'organisation du
haut enseignement, et il signale surtout : 1º l'insuffisance
et même quelquefois la privation d'instrumens de physique, de chimie, d'histoire naturelle, de tableaux chronologiques ou de cartes de géographie ; le choix peu entendu des ouvrages mis dans les mains des étudians ;
2º la nécessité d'augmenter le nombre des Facultés dans
beaucoup de contrées de la France ; 3º le besoin de
mesures pour astreindre à plus d'exactitude les élèves
qui fréquentent les cours, en faisant de leur assiduité une
des conditions d'admission ; 4º la trop grande facilité
dans l'admission aux fonctions de l'université.

M. *Celliez*, de Blois, appuie de nouvelles considérations l'opinion de M. *Hippeau* ; mais il pense que ce
besoin d'amélioration si vivement et si généralement senti,

s'applique moins aux hautes classes qu'à l'enseignement primaire et secondaire.

Il faut, avant tout, s'occuper de faire des hommes et non pas des savans. L'éducation industrielle reste encore à créer. Pendant qu'elle est oubliée, on élabore avec soin des systèmes d'enseignement qui ne conviennent qu'à l'opulence. Le fils de l'artisan, qui entre dans nos maisons d'éducation, n'y trouve que l'instruction qu'y reçoit le fils du pair de France. Qu'on ne dise pas qu'il peut s'arrêter en route ; car l'éducation la plus élémentaire est disposée de telle façon, qu'elle n'est placée que comme pierre d'attente pour des études supérieures. Et il faut qu'il se résigne à n'avoir que des connaissances tronquées dont il ne pourra tirer aucun parti, ou, s'il veut les compléter, le voilà lancé dans des travaux qui absorberont un temps qu'il aurait pu employer plus utilement pour son avenir. Heureux encore si ces occupations et le contact de camarades riches ne lui font pas contracter des habitudes et n'ouvrent pas la porte à des idées ambitieuses qu'il n'aura pas toujours le talent ou les moyens de réaliser, et qui le feront rougir de sa carrière d'artisan ! Que si on jette les yeux sur l'éducation des femmes, ce sont d'autres vices. Que dire de ces futilités dont on les fatigue, et qu'elles négligent lorsqu'elles sont sorties de pension ? Ne pourrait-on pas, sans exclure des arts d'agrément qui sont souvent des nécessités pour elles, les préparer à être femmes de ménage, mères de famille ?

Ainsi, sous le rapport de l'utilité qui doit dominer en entier la direction de la partie de l'existence la plus intéressante de toutes, les réformes que réclame l'enseignement en général sont immenses.

M. *Jules Le Chevalier* dit qu'il approuve les opinions combinées de MM. *Hippeau* et *Celliez*, sans cependant vouloir, comme l'aurait insinué ce dernier, qu'il y ait des classes de la société exclues de certaines études. Les hommes ont des droits égaux aux mêmes fonctions, aux mêmes jouissances; il faut leur fournir les mêmes moyens d'y arriver, il faut ouvrir la carrière des mêmes connaissances au fils de l'artisan comme au fils du ministre; il faut, à côté des dépôts des hautes sciences, placer un enseignement plus approprié au modeste ouvrier: c'est lui qui choisira.

Cette discussion sur les imperfections de l'enseignement révèle avec énergie un malaise que la nouvelle philosophie indique depuis long-temps, mais que la société, avec son organisation telle qu'elle est, est impuissante à guérir.

L'orateur rappelle avoir exposé ses principes à ce sujet, dans la dissertation à laquelle il s'est livré à la section d'économie sociale, et dans cette enceinte, en dehors du congrès.

Au surplus, pour se résumer, il pense que le meilleur système sera toujours celui qui émancipera le plutôt l'homme, et le mettra le plutôt en possession de la vie sociale.

M. *Celliez* déclare qu'il a voulu signaler une lacune dans l'instruction, mais non réclamer des exclusions, des priviléges. Il donne une pleine adhésion aux principes que vient d'émettre M. *Jules Le Chevalier.*

M. *Le Cerf*, de Caen: « La question soulevée est digne du plus grand intérêt, et j'appuierai de tout mon pouvoir la création de nouvelles chaires supérieures ; mais les améliorations que réclame M. *Hippeau* ont été en partie prévenues par les nouvelles lois universitaires. Il suffit de parcourir le collége de Caen pour s'apercevoir que les exigences de la proposition ont été plus que dépassées, et sans doute il doit en être de même dans beaucoup d'institutions. D'un autre côté, les théories presentées par les préopinans sont trop vagues pour être bien saisies, dans une improvisation fugitive, et être l'objet d'un examen sérieux et raisonné. »

M. *Le Cerf* demande que M. *Hippeau* soit invité à formuler sa proposition. La section, du consentement empressé de M. *Hippeau*, accorde cette demande.

M. Jullien, de Paris, soumet à la section, pour être presentée au Congrès, la proposition suivante qui est admise sans discussion :

> « Inviter les différentes Sociétés savantes et littéraires à pro-
> « poser pour sujet de prix la meilleure organisation possible
> « des Congrès scientifiques. »

La section entend avec intérêt le fragment d'un poème sur les quatre âges de l'homme, composé par M. Le Tertre, de Coutances.

L'auteur choisit l'âge viril, cette époque de la vie où le travail de la nature étant complet, l'homme plein de force et de séve, mais déjà plus calme, cherche à se rendre compte de son avenir, et mettant en pratique les connaissances qu'il a amassées, s'aidant de la réflexion, dirige toutes ses actions vers un bonheur mieux entendu.

> « Avec plus de sagesse et moins de passions,
> Docile à la raison, indocile aux caprices,
> S'il ne peut corriger, il cache au moins ses vices. »

Il est cultivateur, artiste, négociant;

Il est médecin;

Il est le défenseur de l'innocence ou le vengeur de la société;

Il voyage, augmente ainsi la masse de ses connaissances, et force tous les climats à apporter à son pays le tribut de leurs plus précieuses productions;

Il défend la patrie les armes à la main; il la défend encore, par sa plume dans ses écrits, par sa voix à la tribune;

Enfin il est époux et père.

Philanthrope et patriote, M. *Le Tertre* ne voit d'occupations dignes de l'homme que celles qui ont pour but le plus grand bonheur possible du pays.

Proposition de M. de Guyon, d'Argentan. M. Alfred de Guyon, d'Argentan, présente cette question :

> « Quelles sont les vraies conditions de développement d'une
> « littérature nationale ? »

« Jusqu'à ce jour, dit M. *de Guyon*, on a proclamé que la littérature était l'expression de la société. Appliquée à la littérature française, cette opinion, il faut en convenir, est un paradoxe : en effet, au lieu de répondre à tous les besoins de la société, de représenter toutes les positions sociales, de peindre les choses avec leur véritable physionomie, elle s'est mise aux gages des coteries, elle s'est soumise à des règles de fantaisie, à des délicatesses de convention, elle s'est faite de telle ou telle école. Ainsi asservie, elle a tout travesti et dénaturé. Des passions du jour, des événemens politiques l'ont affublée de leur drapeau, ont dominé sa voix et faussé sa marche. Ce n'est ni l'homme ni la nature qu'elle a entrepris de reproduire; mais des idées, des êtres, des images sans réalité ou sans durée, et qui ne peuvent exciter que des mouvemens désordonnés et fugitifs de sympathie. Devenue tout artificielle, la littérature n'a plus parlé qu'à certaines fractions, les conditions d'action lui ont manqué, et la société en général s'est séparée d'elle.

« Telle est maintenant sa position, qu'elle ne peut plus être qu'une récréation de l'oisiveté, et encore une récréation souvent dangereuse.

« C'est aux Congrès scientifiques, de la haute position où ils sont placés, à faire entendre leur voix et à dire où est le mal. C'est à eux à dire que le littérateur a pour mission sacrée de diriger l'humanité vers le bien, qu'il fait l'office de mauvais citoyen, si, se rendant l'écho de quelque parti, de quelque coterie, il caresse, fait fermenter et déprave les passions.

M. *Galeron* trouve la question sans utilité.

La littérature, disent MM. *Bertrand*, de Caen, *Le Cerf* et *Le Chevalier*, change comme les hommes dont elle est l'ouvrage et le reflet; les événemens de la politique, les révolutions l'altèrent, la modifient, la renouvellent sans cesse. Toute littérature nationale doit cesser un jour de l'être. Malherbe, Molière, Voltaire, Delille, MM. Casimir Delavigne et Victor Hugo, représentent des époques toutes différentes. La recherche des causes de ces variations, qui se lient à l'histoire de l'humanité, est d'un grand intérêt, l'œuvre d'un bon citoyen.

M. *Galeron* répond : « La littérature, qui sous Louis XIV était grave dans un siècle grave, est devenue désordonnée pendant la révolution. Les changemens dans la nature et l'enchaînement des idées dans la forme du style appartiennent à l'histoire, et se développent suivant le génie du peuple auquel ils s'appliquent, et suivant les événemens qui se passent autour de lui et qui l'agitent. Comment, alors, établir de règle générale, ou sur les causes, ou sur la marche de ces modifications incessamment mobiles et variables ? Je crois donc la prise en considération de la proposition sans intérêt, parce qu'il est impossible de vouloir poser des lois qui auraient pour effet d'enchaîner l'action et la volonté des hommes dans ce qu'ils doivent avoir de plus libre et de plus individuel. Mais, dans tous les cas, je proposerais, pour faire cesser, autant que possible, le vague qui s'attache à la proposition, de la spécialiser à notre pays, et de dire :

« Quelles sont, en France, les vraies conditions de développe-
« ment d'une littérature nationale ? »

La proposition, avec cette modification consentie par l'auteur, est adoptée pour être soumise au Congrès.

M. Jules Le Chevalier se fait inscrire pour discuter, dans la séance du 25, les questions suivantes : Communication de M. Jules Le Chevalier.

« Quelles sont les lois générales de l'inspiration dans les « arts ? »

« Le drame, ainsi que l'affirme M. *Victor Hugo*, est-il la « seule forme de poésie compatible avec les mœurs et avec l'état « actuel de l'esprit humain ? »

« L'art doit-il se proposer un but moral ? »

« Quelles sont les modifications que la critique littéraire doit « subir pour entrer dans les voies de justice et de compétence ? »

Et il annonce qu'il terminera par un *Exposé de l'état actuel de la littérature en France.*

Mais, avant de se livrer à cette dissertation, M. *Jules Le Chevalier* demande la parole pour présenter à l'instant même quelques idées préliminaires.

« Il y a deux choses dans l'art : d'abord le produit du génie et de l'inspiration ; le génie obéit à lui-même, peut-être à quelque chose de plus.

« Puis vient l'art proprement dit : c'est l'examen, c'est la forme.

« Nous sommes réunis ici pour discuter les différentes conditions de développement de l'art ;

« Notre œuvre doit donc être une critique plutôt qu'une poésie ; et les questions posées ici dans toutes les branches des sciences, celle en particulier que vous venez de sanctionner, témoignent des besoins de l'époque.

« Au moyen-âge, il y avait des croyances qui parlaient

au cœur, à l'imagination, et remuaient puissamment toutes les existences; il y avait foi et religion.

« On ne disséquait pas, comme de nos jours, avec le scalpel de la critique;

« Le poète s'inspirait de ses idées, se laissait aller à une impulsion dont il ne se rendait pas toujours compte.

« Mais, aujourd'hui, les doctrines et les croyances manquent; l'art, c'est le scepticisme en littérature; partout il y a incertitude et découragement.

« Peut-on espérer de faire revivre des croyances qui n'ont plus de puissance? Comment reproduire un art, des élémens auxquels la société échappe?

« M. Victor Hugo est un exemple de la difficulté, de l'impossibilité :

« Dans les théories, il proteste avec énergie contre l'absence d'une littérature nationale ;

« Cependant, à l'application, il n'est lui-même que le représentant du passé; aussi, les nobles émotions qu'il soulève ne laissent pas de traces durables, parce qu'elles n'ont pas de racines dans la civilisation.

« Nous nous demanderons donc quelles sont les lois générales de l'inspiration, de l'art.

« Nous nous occuperons de la question d'une poétique, d'une théorie.

« Nous verrons si l'élément religieux peut avoir encore quelque prise sur les hommes;

« Si nous devons obéir aux inspirations sociales, et comment la société, avec son organisation, pourra nous fournir de nouveaux élémens.

« Est-il vrai, comme le prétend M. Victor Hugo, dans

la préface de Cromwel, qu'il n'y ait plus, dans notre civilisation, de possibilité pour l'ode, ni pour l'épopée? que le drame seul, sous mille formes, se présente à l'imagination, même avec le génie du Dante et celui de Milton?

« L'artiste peut-il être excentrique? peut-il déserter la cause de l'humanité, pour ne s'occuper que de l'art? peut-il chanter indifféremment le bien ou le mal?

« Ces questions sont difficiles à résoudre aujourd'hui que la critique est livrée au caprice, que les coteries, les individus, la camaraderie, offrent un immense obstacle.

« Il ne faut pas songer à prescrire des lois : notre mission doit se borner à manifester nos opinions sur la moralité ou l'immoralité de tel ou tel système.

« Si le Congrès représente l'opinion publique, sa protestation sera entendue, et les hommes se modifieront. Que ce ne soit point une polémique de mots, mais une profession de foi large et franche. La critique actuelle nuit à l'art; elle est dans une mauvaise voie : il faudra le dire.

« M. *Galeron*, à l'occasion de la question qui vient d'être adoptée, a cru qu'on demandait une constitution pour la littérature.

« Sans doute, on ne peut arrêter l'expression du libre développement de l'imagination ;

« Mais les Congrès peuvent donner une autre direction à la critique, en signaler l'immoralité.

« Il est encore des recueils périodiques dignes d'éloges : dans ce nombre se trouvent notamment les Revues.

« C'est aux personnes qui prennent intérêt à la prospérité des lettres à faire parvenir au prochain Congrès un

état des journaux qui, dans l'année, auront fait la meilleure appréciation critique de la littérature.

« Dans les provinces, on prendra des mesures pour
neutraliser la camaraderie.

« Mais, avant tout, il faut faire connaître les conditions
d'une bonne critique. Il ne faut pas couper l'arbre avant
d'avoir cueilli le fruit. »

L'orateur termine en passant en revue quelques journaux de Paris.

Il fait voir comment la précipitation dans l'examen et
dans la rédaction produit tant d'analyses tronquées et
fausses; comment ce sont souvent les auteurs eux-
mêmes ou leurs amis qui font les articles.

Il parcourt ainsi une foule d'abus, qui font de la
critique un métier souvent impossible pour l'homme qui
aura de la délicatesse.

L'improvisation de M. Jules Le Chevalier a été constamment entendue avec le plus vif intérêt.

Séance
du 25 juillet.
—
Proposition
de
M. Hippeau
(Voir p. 170).

M. *Jules Le Chevalier* renonce à la parole en faveur
de M. *Hippeau.*

M. HIPPEAU dépose sur le bureau la rédaction de la
proposition qu'il avait présentée dans la séance du 23,
sur les améliorations à faire dans l'enseignement. Cette
proposition est ainsi conçue :

« 1° Le Congrès exprime le vœu de voir se multiplier les
écoles intermédiaires dont M. le Ministre de l'instruction publique a recommandé l'organisation aux recteurs des différentes
académies. Dans ces écoles, ayant pour but de donner aux
jeunes gens qui ne se destinent point aux professions savantes,

une éducation supérieure à l'éducation primaire, mais moins élevée que celle que l'on reçoit dans les colléges royaux, on s'occuperait, selon les besoins des diverses localités, de l'étude de la langue française, de la géographie, de l'histoire, des élémens des sciences mathématiques, physiques, naturelles et chimiques, et des applications de ces sciences au commerce et à l'industrie.

« 2° Le Congrès, rendant hommage aux améliorations importantes introduites dans les établissemens universitaires, en ce qui concerne l'étude des sciences mathématiques, physiques et naturelles, de la géographie, de l'histoire, des langues vivantes et de la langue française trop long-temps négligée, demande s'il ne serait pas possible d'abréger le temps destiné à l'étude des langues grecque et latine, en introduisant dans cet enseignement la spécialité déjà adoptée pour les autres cours ?

« 3° Le Congrès, reconnaissant l'insuffisance des ressources que possèdent la plupart des établissemens universitaires pour se procurer des objets de physique, d'histoire naturelle, des tableaux chronologiques ou des cartes de géographie d'une vaste dimension, comme aussi pour créer des bibliothèques destinées aux élèves, émet le vœu que des ressources extraordinaires soient créées pour faire face à la dépense de ces utiles acquisitions.

« 4° Le Congrès, pénétré de toute l'importance d'un haut enseignement littéraire, philosophique et scientifique, émet le vœu de voir augmenter le nombre des Facultés. A ce vœu, se joint celui de perfectionner l'organisation de cet enseignement supérieur qui produit malheureusement de faibles résultats ; et le Congrès demande, en même temps, s'il ne serait pas possible de forcer à l'assiduité les jeunes gens qui sont en état de le recevoir, soit en les soumettant aux mesures répressives employées dans les Facultés de droit, soit en faisant, d'un certificat d'assiduité à ces cours, une condition d'admission à de hautes fonctions administratives ou scientifiques ? »

Cette proposition est l'objet d'une vive et importante

discussion , soutenue par MM. *Hippeau*, de Poitiers, *Bertrand*, de Caen, *Celliez*, de Blois, *Cassin*, de Caen, *Roger*, de Caen, *De la Fontenelle de Vaudoré*, de Poitiers.

Le premier paragraphe est rejeté, les trois autres seront soumis au Congrès.

Proposition de M. de Caumont. M. de *Caumont* développe une proposition qu'il formule ainsi :

« Soumettre aux méditations des savans et des philosophes la « question de savoir quels devraient être les rapports des centres « littéraires provinciaux entre eux et avec le centre principal. »

Cette séance devant être la dernière, et l'heure étant trop avancée pour pouvoir donner à la discussion d'une aussi importante question tous les développemens qu'elle comporte, la section décide qu'elle sera purement et simplement inscrite au procès-verbal.

Vers de madame Coueffin. La section entend la lecture , 1° de deux pièces de vers de madame COUEFFIN, intitulées :
La première, *Préface.*
La seconde, *Réponse à M. Alphonse Le Flaguais.*

Vers de M. Le Flaguais. 2° D'une *Ode sur Pierre Corneille*, par M. Alphonse LE FLAGUAIS.

Ces trois pièces seront présentées au Congrès, pour être lues en assemblée générale.

La courte durée de la Session n'a pas permis d'entendre la lecture des ouvrages suivans :

De l'état actuel de l'Architecture et de la Sculpture ,

par M. Guy, professeur d'architecture, membre de la Société des Antiquaires de Normandie.

Notice sur l'état de la Peinture et de l'enseignement de cet art à Caen, suivie de quelques réflexions sur l'opportunité de fonder dans cette ville une Académie qui fasse, pour les progrès de la peinture, ce que la Société philharmonique a fait pour les progrès de la musique; par M. *de Caumont.*

Plusieurs pièces de poésie ; par M. *Bétourné,* de Caen.

Dissertation sur la Langue persane ; par M. *Trébutien,* de la Société asiatique de Paris.

Notices biographiques inédites; par M. *Lange,* de Caen.

Parallèle de Cicéron et de Tacite; par M. *Maillet-Lacoste,* professeur à la Faculté de lettres de Caen.

Dissertation sur le poète Ronsard, et *sur la poésie de cette époque;* par M. *Frédéric Vautier,* professeur à la Faculté de Caen.

Dissertation sur les Poésies de Marie de France ; par M. *Richomme,* de Caen.

Le Secrétaire dépose sur le bureau plusieurs programmes du prix proposé par la Société libre d'Émulation de Rouen, sur l'hommage qui va être rendu à P. Corneille, par l'érection d'une statue sur une des places de cette ville.

Le Secrétaire de la Section,   *Le Président de la Section,*
BERTRAN, de Rouen.   ASSELIN, de Cherbourg.

Économie Sociale.

—

Séance
du 21 juillet.
—
Communica-
tion de
M. Jules
Le Chevalier.

M. Jules LE CHEVALIER fait observer à la section, qu'inscrit parmi ses membres avec le titre de représentant d'un journal, *l'Europe littéraire*, il ne va point parler en cette dernière qualité, mais au nom de la France entière ; il examine les Congrès tels que celui-ci, sous le point de vue unitaire et sous celui de la variété, et il signale en eux l'avantage de pouvoir constituer la véritable centralisation de la science, c'est-à-dire une centralisation mobile.

L'orateur, après avoir sommairement présenté ses idées sur l'organisation du travail de la section, se propose de faire entendre demain un rapport verbal sur la science sociale, à laquelle aboutit chaque branche des connaissances humaines. Il émet le vœu que chaque section, dans ses travaux,

1º Constate l'état général de la science qui fait l'objet de sa réunion ;

2º Propose des objets de discussion qui jettent des semences d'idées pour le Congrès qui suivra celui-ci, et pour tous les hommes qu'atteindra la publicité des procès-verbaux du Congrès actuel.

Il indique, comme points spéciaux sur lesquels la discussion pourra porter, à cette section, le principe de la liberté du commerce et l'application la meilleure à faire, dans l'intérêt de l'économie sociale, du fonds accordé pour les travaux publics. Il indique notamment, comme un des points à traiter, la question des chemins de fer.

Quelques observations sont successivement faites par MM. *Galeron*, de Falaise, *Jullien*, de Paris, *A. Le Prevost*, de Bernay, *Roberton*, de Glascow, et *Spencer Smith*, de Caen.

M. Celliez, de Blois, après avoir fait remarquer que l'importance des questions indiquées exigerait plus de temps que le Congrès ne peut leur donner, propose pour amendement, que l'on discute, non des questions, mais seulement la position de questions.

M. de Caumont fait la proposition d'une enquête à établir sur la situation des sociétés scientifiques et littéraires de province, pour en faire l'objet d'un rapport au Congrès prochain.

M. *Jules Le Chevalier* indique comme parti qui peut être adopté, la position de questions à choisir pour être ultérieurement traitées; rentrant dans la discussion principale, il propose de nommer une commission chargée de constater l'état actuel de la science qui fait l'objet des études de la section. Cette idée est appuyée par M. *Du Quesnay*. La section, sur la proposition de M. *de Ven-*

dœuvre, se réserve de donner suite à ces propositions , après avoir entendu, dans une séance suivante, l'auteur de la proposition principale.

Séance du 22 juillet. — Proposition de M. de Caumont.

M. le Sécretaire-général du Congrès propose à la section de concourir, par la nomination de deux de ses membres, à la formation d'une commission qui, composée d'un égal nombre de membres de chacune des autres sections, et concurremment avec MM. les présidens et secrétaires, sera chargée de se réunir ce soir pour rédiger et proposer au Congrès , en séance générale, une résolution relativement à la succession des Congrès annuels.

Au nom de la section, M. le Président nomme, pour faire partie de la commission, MM. *Jules Le Chevalier* et *Du Quesnay.*

Rapport de M. Jules Le Chevalier.

M. Jules LE CHEVALIER, inscrit pour un rapport verbal sur l'état actuel de la science économique, commence par dire que, quoique son rapport soit verbal, il n'a pas la prétention d'improviser. Ce qu'il va exposer est le fruit des études de sa vie, études qu'il a eu l'occasion récente de résumer en se préparant à un concours pour la chaire d'économie politique du collége de France.

Il fait voir que les circonstances contribuent à rendre opportune et importante l'étude de l'économie sociale, arrivée enfin, après une masse suffisante d'observations, à un état qui permet de la constituer comme science positive.

L'orateur félicite, en conséquence, le Congrès du bel

exemple qu'il donne en établissant la section d'économie sociale ; car cette science a pour but de coordonner la mise en œuvre de tous les élémens de l'activité humaine. M. *Le Chevalier* ajoute que, par là, notre réunion se place au-dessus des Congrès allemands, quelle que soit, d'ailleurs , l'importance des communications qui leur sont soumises sur les sciences naturelles.

Il se livre ensuite à l'exposition des différences principales qui caractérisent l'économie sociale et l'économie politique, ces deux parties de la science formant, par leur réunion, l'ensemble de l'économie humaine : la première embrassant les relations intérieures de la société , le travail, la vie usuelle, la propriété ; la seconde comprenant la vie accidentelle et en quelque sorte légale , l'impôt, le service militaire, l'exercice des droits politiques, les rapports de nation à nation, etc., etc.

De là, que résulte-t-il ? c'est qu'il faut commencer par l'économie sociale ; qu'il faut lui subalterniser l'économie politique, comme l'accessoire au principal ; que la bonne solution des questions d'économie sociale assure celle des questions d'économie politique. Et, par exemple, la répartition de l'impôt offre une question insoluble partout où il n'y a pas une bonne répartition de la richesse et du revenu.

L'orateur est amené à signaler, comme nouvelle, une science qui entre dans des voies si différentes de celles qu'on a suivies jusqu'aujourd'hui.

L'économie sociale fournit au gouvernement les *matières premières* de la législation. L'économie politique a été ou sera une routine aveugle, tant qu'elle n'a pas pris ou ne prendra pas pour base l'observation statistique des faits et la conception spéculative des vrais rapports de ces faits entre eux.

La première école des économistes s'étant établie vers le milieu du dix-huitième siècle, a eu pour point de départ l'état social laissé par le moyen-âge ; elle a trouvé en vigueur, pour l'agriculture, l'ordre féodal ; pour l'industrie, le système des *jurandes* et *maîtrises*, fondé par la bourgeoisie émancipée, qui voulut, par des réglemens, assurer son droit de premier occupant et se constituer en possession exclusive des avantages dont elle jouissait. Les économistes, en face de cet état de choses, frappés des bornes que son caractère restrictif mettait au développement de l'activité humaine, ont dû commencer par des protestations et des réclamations : ils ont demandé la liberté, et adopté la devise de Quesnay : *Laissez faire, et laissez passer.*

Cette école, d'ailleurs peu hardie, ne prévit pas qu'en détruisant, elle allait créer une position qui demanderait un jour de nouveaux efforts de réorganisation.

Adam Smith, après lui Jean-Baptiste Say, et tous les auteurs des systèmes déjà constatés et vulgarisés en Europe, ont adopté pour principes : concurrence à l'intérieur, liberté du commerce à l'extérieur.

Parmi les autres écrivains, M. Destutt de Tracy se distingue par sa grande précision, et surtout pour avoir posé mieux que personne les bases métaphysiques de la science.

Le fait le plus frappant qui résulte des observations de la science économique, c'est cette loi de la répartition des richesses dans la société, loi en vertu de laquelle les chances de s'enrichir augmentent avec la richesse, tandis que les chances de pauvreté augmentent avec la misère des individus. L'Angleterre présente ce spectacle : extrême richesse d'un côté; de l'autre extrême misère, *paupérisme*, etc. Ces effets ont été examinés surtout par M. de Sismondi ; mais il n'a pas indiqué de remède. Avant lui, Malthus, fondateur de l'école critique, sentit le mal et proposa le plus singulier remède : signalant une tendance des populations à devenir trop nombreuses pour les moyens de subsistance, il voulut organiser un système de terreur, et appliquer un remède qui n'en est pas un : la prudence dans les mariages. Robert Owen, à son tour, organisa de petites sociétés qu'il appela *coopératives*, fondées sur le principe de l'égalité, principe dont les applications peuvent offrir des dangers contre lesquels le sentiment religieux peut seul maintenir l'homme.

L'orateur expose ici les rapports qu'il a eus et qu'il a rompus avec la Société saint-simonienne. Après avoir protesté contre les doctrines actuelles, il reconnaît ce que le saint-simonisme avait entrepris d'utile à l'humanité, tout en posant pour règle première un principe qui repoussait ce qui importe le plus à l'homme, la liberté et la propriété individuelles.

Reconnaissant, avec les économistes avancés, que l'association est le seul moyen de résoudre le problème social, l'orateur indique M. Ch. Fourier comme ayant entièrement changé les bases de l'économie sociale. Ce dernier, voyant le mal dans la combinaison actuelle du mécanisme industriel, a cherché et trouvé un nouveau mécanisme qui a pour base l'association, mais dont le principe est l'opposé de celui que professait le Saint-Simonisme, puisqu'il est fondé sur la liberté et la propriété individuelles. Ce système a notamment pour but de résoudre, par l'organisation du travail, la question fondamentale de la science économique : « *Augmenter la production, et diminuer les dépenses de la consommation.* »

L'orateur signale les inconvéniens qui résultent de l'état actuel, et notamment ceux qui tiennent à l'application qu'ont eue les principes professés par la nouvelle école sur la concurrence. En effet, cette concurrence, au lieu de devenir favorable à la liberté au nom de laquelle on l'a proclamée, a remplacé l'ancien monopole par un monopole anarchique et irrégulier. Sous ce régime, qui est, disent-ils, celui de la capacité, il faut travail, talent, capitaux. Or, les hommes ne reçoivent les mêmes talens, ni les mêmes capitaux; une inégalité monstrueuse s'établit, résultat en partie de la différence d'éducation, et l'individu ne peut pas capitaliser. Voyez deux services de voitures publiques établies sur la route de Paris à Caen, formés et mis en possession de la route sous le régime dit de concurrence : ils y trouveront et prendront tout ce qu'il faudra pour écarter ou couler à fond une entreprise qui viendrait se placer en troisième, dans l'intérêt du public. Qu'un individu ait de la capacité comme sept, et de l'intrigue comme un, rien pour lui; ruine, dans notre société, de l'homme probe, par l'intrigant; guerre violente entre gens voulant vendre le plus cher possible, les autres acheter au meilleur marché. Le commerçant a un intérêt opposé à ceux, ou du vendeur dont il veut acheter à bon marché, ou de l'acheteur auquel il veut revendre cher, et des peuples auxquels il cherche à faire payer, par un haut prix, les échanges qu'il est appelé à favoriser entre eux. Il règne parmi les différentes parties de l'industrie un état de guerre pareil à celui où on verrait les soldats d'une même armée se battre entre eux. Le but de notre Société étant d'obtenir le plus d'avantages aux dépens les uns des autres, la tendance qui porte les industries ou les personnes à profiter, pour elles-mêmes, de cet état de choses, est légitime toutefois, puisque telle est l'organisation de la Société.

La science actuelle doit donc chercher un mode de coordination régulière entre les différens genres d'industrie, à la manière de combiner et d'appliquer les nouvelles lois de l'organisation du travail.

L'orateur fait remarquer que tout ce qu'il vient de dire est précisément critique, parce que la science commence toujours par voir le mal ; mais, toutes les fois que la science voit le mal, son siége et sa cause, elle en connaît le remède et peut le proposer.

L'état normal de l'industrie serait celui où le commerce (qui a intérêt aujourd'hui à ce que la marchandise soit rare et chère), se trouverait réduit à la fonction naturelle d'intermédiaire et d'approvisionneur, et où chaque lieu pourvu des travaux essentiels à sa subsistance, se livrerait aux travaux agricoles et manufacturiers spécialement appropriés à ses ressources, et aurait recours à l'échange pour les autres objets de consommation.

Bonne répartition à établir entre le capital, le travail et le talent.

Ici M. *Le Chevalier* énumère différentes questions qui ont été agitées et qui se rattachent à celle de savoir si, et jusqu'à quel point, le gouvernement doit intervenir dans les nombreux et importans rapports de l'économie sociale avec l'économie politique. Il établit que la solution négative que l'économie politique a donnée à ces questions sur l'intervention gouvernementale, et qui a été confirmée, dans ces derniers temps, par une autre école (l'ancien *Globe*), est contraire à la morale ainsi qu'à la loi de charité que le christianisme a posée et que la nouvelle science d'économie sociale doit rétablir.

L'intérêt avec lequel ont été entendus les développemens donnés par M. *Le Chevalier*, a décidé la section à prolonger d'une demi-heure, par une délibération spéciale, le temps fixé à la séance.

Séance
du 23 juillet.
—
Mémoire
de M. Bunel.

M. Bunel lit un mémoire sur les différens projets présentés pour rendre navigable le cours inférieur de la Seine et celui de l'Orne. Il rappelle particulièrement le projet que M. Pattu avait proposé pour cette dernière rivière, qui fut successivement approuvé par une commission spéciale des ponts et chaussées, adopté par une compagnie de soumissionnaires, dont les offres pour le réaliser furent recommandées par le Conseil général du département, et qui pourtant ne s'exécute pas. Il termine en faisant des vœux pour que le commerce maritime soit enfin soustrait aux dangers et aux pertes qu'il éprouve depuis très long-temps.

M. *Du Quesnay* présente deux objections que quelques ingénieurs ont élevées sur le barrage des rivières en général, et qui paraissent avoir influé sur une décision récente du Conseil des ponts et chaussées, au sujet du projet de M. *Pattu*.

Ici s'engage une discussion, à laquelle prennent part MM. *Bunel, de Beaurepaire, Du Quesnay, Le Chevalier,* et *de Vendœuvre,* discussion dont l'objet est de savoir si la connaissance à prendre du rapport de M. *Bunel* appartient à la section d'économie sociale ou à celle des sciences mathématiques et agricoles. La question étant mise aux voix, la majorité se décide pour le renvoi à cette dernière section.

M. DE LA CODRE développe une proposition écrite, dont l'objet est d'inviter les sociétés savantes à procurer l'établissement, dans les chefs-lieux de département et d'arrondissement, de sociétés d'économie sociale qui choisiraient un correspondant par commune. Celui-ci s'occuperait, particulièrement, par des conférences régulières, de rendre la population plus instruite et plus vertueuse, et de fonder des caisses d'épargnes.

Proposition de M. De la Codre.

L'auteur dépose sur le bureau cette proposition, qui ne donne lieu à aucune discussion.

M. THOMAS lit un Mémoire, dont le but est de démontrer que la balance du commerce extérieur des nations, telle que la présentent les gouvernemens, n'est qu'une véritable illusion. Prenant la France pour exemple, il prouve son assertion par une suite de tableaux et de rapprochemens, desquels il conclut que toutes

Séance du 24 juillet.

Mémoire de M. Thomas.

les inductions que l'on tire des comparaisons entre les importations et les exportations, ne peuvent, quel que soit le système que l'on adopte, conduire à un résultat positif qui prouve que leur différence soit l'expression du bénéfice ou de la perte produits par le commerce extérieur. Ce mémoire, commencé dans la séance du 24 et continué dans celle du 25, ne peut, quelque intéressant qu'il soit, être analysé. L'auteur le termine par la proposition suivante :

« Étant démontré que la comparaison des importations et des « exportations ne peut, quel que soit le système de conséquences «qu'on en tire, faire connaître les avantages du commerce ex- «térieur d'une nation, rechercher le moyen d'obtenir cette « connaissance d'une manière aussi rapprochée que possible de « la vérité.

« La formule suivante pourrait-elle conduire à ce résultat ?

« La moitié des importations et des exportations réunies, « moins le capital fixe, le capital circulant et les frais de pro- « duction, représente le bénéfice ; ce qui peut s'exprimer ainsi :

$$\frac{\text{Imp.} + \text{Export.}}{2} - (\text{Cap. fixe} + \text{Cap. circ.} + \text{Frais.}) = \text{Bénéfice.}$$

$$\text{Ou } 100 - (44 + 16) - 60 = x.$$

« Telle est la question soumise à l'étude des économistes , et « que le Congrès scientifique invite à examiner, pour être « traitée dans la future session. »

M. *Joyau* rappelle les études qu'en sa qualité de professeur de droit commercial il a été conduit à faire sur le sujet du mémoire qui vient d'être lu. Il reconnaît, avec l'auteur, combien les bases de ce qu'on appelle la balance du commerce sont fautives. Il pense qu'il convient de signaler à l'attention l'importante question présentée par l'orateur.

La section décide que la proposition sera présentée au Congrès.

M. BERTRAND, de Caen, est appelé à lire une communication de M. JAMET, concernant l'établissement du Bon-Sauveur, à Caen. Ce Mémoire est ainsi conçu :

« Messieurs : On m'a invité à dire quelque chose sur l'établissement du Bon-Sauveur, et c'est avec peine que j'ai promis de le faire. Cet établissement n'est que commencé, et, quoiqu'il offre déjà quelques avantages à la Société, il est encore loin de ce qu'il doit être un jour. Il ne m'appartient guère d'en faire l'éloge, et j'éprouve une véritable répugnance à parler de ce que j'ai fait et de ce que je dois faire encore.

« La maison que je dirige est toute consacrée à rendre des services au prochain.

« Les religieuses du Bon-Sauveur soignent les personnes atteintes d'aliénation mentale.

« Elles instruisent les sourds-muets.

« Elles ont un pensionnat pour l'éducation des jeunes demoiselles.

« Elles font l'école gratuite pour les petites filles des pauvres, et leur apprennent à gagner leur vie.

« Elles offrent un asile aux dames que l'âge, l'amour d'une vie paisible, le dégoût du monde ou un dérangement dans la fortune, appellent à vivre dans la retraite.

« Elles forment des institutrices pour les écoles de la campagne.

« Elles vont dans la ville visiter les pauvres malades, leur prodiguent les secours de la charité et les consolations de la religion.

« Enfin, elles ont chez elles un dispensaire où elles reçoivent les infirmes et les blessés, et leur donnent des soins provisoires, en attendant l'arrivée du médecin.

« Je ne pourrais, sans prendre trop de temps, parler de toutes ces branches d'utilité publique. Je me bornerai donc à vous
soumettre quelques détails sur ce qui concerne les aliénés et
les sourds-muets.

« La maison du Bon-Sauveur se compose de cent trente religieuses, en y comprenant les novices, d'environ trois cents
aliénés, de cent et quelques enfans de l'un et de l'autre sexe
pour l'éducation, et de soixante autres personnes, telles que
les dames en chambre, les prêtres attachés à l'établissement, et
une trentaine d'hommes à gages, occupés à la garde des aliénés et au jardinage.

« Le but principal de cet établissement étant de donner des
soins aux infortunés de l'un et de l'autre sexe qui se trouvent
frappés d'aliénation mentale, les religieuses du Bon-Sauveur
ont fait tous leurs efforts et se sont imposé les plus grands sacrifices pour leur procurer le plus de soulagement possible.
Leurs malades sont logés commodément, et peut-être même
pourrait-on dire qu'on a mis dans leur demeure une sorte de
somptuosité.

« Les femmes, surtout, habitent une maison de près de huit
cents pieds de face, d'une architecture simple, mais noble et
élégante; plusieurs corridors se prolongent au-delà de cent toi-
ses. Les appartemens sont élevés, grands, éclairés, ornés avec
une recherche et un luxe qui souvent ont contribué à la guérison des malades. De leurs chambres ils découvrent un bel
horizon qui attire leurs regards, et leur procure d'agréables
jouissances.

« Les cours sont plantées de fleurs et d'arbrisseaux. Elles offrent
des berceaux de verdure, des avenues de tilleuls où les malades
vont prendre le frais dans l'été, à côté d'un promenoir cou-
vert pour l'hiver et les temps humides.

« La demeure des hommes est encore inachevée, mais des
agrandissemens sont commencés; des maisons isolées se préparent; et, sous peu de temps, je l'espère, leur habitation ne
laissera rien à désirer.

« Dans chacune de ces deux demeures, on trouve de vastes salons ornés avec soin, où se rassemblent les malades pour se récréer, ou pour se livrer, soit à la lecture, soit à un travail qui charme leur ennui. Ils mangent à table ronde, dans des réfectoires spacieux. Une salle de billard offre aux hommes un exercice qui les récrée et détourne leur esprit de l'objet qui les tourmente. Bientôt il y en aura une établie chez les femmes.

« Nous avons différentes voitures destinées à promener nos malades à la campagne, et quelquefois ils vont, tantôt les hommes et tantôt les femmes, faire une partie de plaisir dans une ferme située à un quart de lieue de l'établissement, où se trouve une maison agréable. Une bibliothèque nombreuse offre à ceux à qui les médecins ne le défendent point, un délassement utile. Des salles de bains, construites sur un plan simple, faciles à desservir, et où l'on trouvera des douches et des bains de vapeur, sont sur le point d'être terminées.

« Mais, de tous les moyens curatifs, le premier peut-être et le plus efficace, ce sont ces soins d'une charité toute religieuse, cette tendre sollicitude dont les malades sont entourés, qu'ils savent si bien apprécier, et dont ils sont si reconnaissans après leur guérison. Que ne m'est-il permis de mettre sous vos yeux la correspondance que ceux de nos malades qui ont recouvré l'usage de leurs facultés intellectuelles entretiennent avec nous! vous y verriez, Messieurs, toute l'effusion de la reconnaissance et l'expression de ce sentiment de bonheur que l'on éprouve après avoir recouvré un trésor précieux que l'on avait perdu. Car je dois vous le dire, presque tous ceux qui sont guéris n'ont pas seulement recouvré la santé : ils ont encore appris, ou à supporter leurs peines, ou à se préserver des causes qui avaient amené leurs maladies.

« Nos médecins nous prescrivent de laisser aux infortunés

malades toute la liberté compatible avec leur sûreté et celle des autres. Aussi, jamais nous n'avons employé, ni ces entraves, ni ces chaînes de fer, que l'on voit encore ailleurs. Jamais n'ont lieu, au Bon-Sauveur, ces punitions, ces réclusions longues et cruelles, qui désespèrent les malades au lieu de les guérir.

« Aussi, Messieurs, c'est avec une bien douce satisfaction que nous voyons couronnés d'un heureux succès, et nos efforts, et les soins aussi assidus qu'éclairés de MM. les docteurs Trouvé et Vastel.

« Depuis seize mois, nous avons rendu à la société plus de soixante malades dont la guérison a été constatée. Une douzaine sont encore en convalescence. Nous avons donc obtenu (terme moyen), près de quatre guérisons par mois.

« Mais, pour apprécier l'avantage que présentent nos résultats, il faut considérer que, sur les trois cent quatre-vingt-sept aliénés que nous comptons dans notre établissement depuis le premier février 1832 jusqu'au premier juillet 1833, on doit en retrancher cent trente dont la plupart ne nous ont été confiés qu'après avoir long-temps subi un traitement dans d'autres maisons sanitaires, où ils ont été reconnus incurables, et n'ont été déposés dans notre établissement que pour leur assurer une existence plus douce et des soins tendres qu'ils n'auraient pas trouvés dans leur famille même, en raison de la liberté dont ils jouissent au Bon-Sauveur. Il faut également en retrancher vingt-neuf épileptiques et cinquante-deux idiots, qui n'offrent aucune chance de guérison D'après cela, on voit que nous guérissons un peu plus que le tiers des malades que l'on nous confie.

En voici le calcul :

Au 1ᵉʳ février 1832 . . . . .295 malades.

Entrés depuis cette époque jusqu'au 1ᵉʳ juillet 1833 92

Total 387

Idiots. 62

Épileptiques. 29

Incurables. 130

Susceptibles de guérison. 166

Total. 387

Guéris. 64

Morts. 23

Total. 87

Reste. 300

Une considération fort importante, c'est celle de la longévité. Il y a dans le Bon-Sauveur un grand nombre d'idiots et d'incurables fort avancés en âge, et qui y demeurent depuis longues années. Mais il en est une autre plus frappante encore, c'est que, d'après le rapport des médecins de la maison de Charenton, il est constaté que, dans cet établissement, la mort a enlevé, pendant trois ans, un malade sur quatre, tandis qu'au Bon-Sauveur nous n'en avons perdu qu'un sur seize, même en y comprenant neuf individus victimes du choléra.

« A quoi devons-nous ce résultat? Serait-ce à la salubrité de l'établissement! Serait-ce à une meilleure nourriture! Devrions-nous l'attribuer à cette surveillance maternelle et religieuse dont les malades sont sans cesse entourés, et qui, en leur inspirant la confiance, les empêche de se livrer au désespoir et les rattache à la vie? Serait-ce enfin aux soins assidus, à l'expérience de nos médecins? Il ne m'est pas permis de prononcer.

« Quant aux sourds-muets, soixante-deux sont instruits dans la maison du Bon-Sauveur. On y compte trente-quatre filles et vingt-huit garçons. Deux des prêtres qui sont attachés à l'établissement concourent avec moi à diriger ces deux classes, et nous sommes secondés par une dizaine de religieuses. Mais

nous seuls sommes chargés de donner des leçons de géomé-
trie, d'algèbre, de grec, de latin et d'italien.

« Comme je n'ai reçu des leçons d'aucun maître, j'ai été
forcé de commencer en tâtonnant, et de me faire une méthode particulière.

« Dans la suite, je me suis procuré les ouvrages de l'abbé de
l'Épée et de M. Sicard, et je me suis aperçu que je marchais
dans une route différente de celle de ces grands maîtres.

« Tous deux ils avaient choisi, pour moyen de communication
avec leurs élèves, des signes qui représentent, tant bien que
mal, les objets dont ils parlent. C'est le signe des choses; et,
par une suite nécessaire, ils étaient obligés de faire, pour s'entretenir avec leurs élèves, des pantomimes longues et pénibles.

« Comme eux, j'avais commencé par des pantomimes, mais je
ne fus pas long-temps sans reconnaître que je perdais beaucoup
de temps; que l'élève était sans cesse embarrassé lorsqu'il vou-
lait exprimer sa pensée, et que, dans les circonstances où j'avais
quelque chose à lui communiquer, il me fallait plusieurs fois
recommencer mes signes.

« Alors, et dès avant de connaître la méthode de ces célèbres
instituteurs, je cherchai un autre moyen de communication : je
pensai que, si je faisais le signe des mots, je m'épargnerais
beaucoup de peine et j'abrégerais le travail.

« Je renonçai donc à vouloir tout peindre dans mes signes;
j'abandonnai les pantomimes, et je fis le signe des mots. Depuis
cette époque, j'éprouve chaque jour combien cette méthode
est utile, et mes élèves le sentent comme moi.

« D'ailleurs, en faisant le signe des mots dont ils connaissent déjà
l'acception, ne leur rappelle-t-on pas les choses que ces signes
désignent? Mais, en peignant les choses par des pantomimes,
leur indiquera-t-on toujours d'une manière sûre les mots dont
ils doivent se servir pour les exprimer? J'en appelle aux instituteurs et à leur expérience journalière. Certes, Messieurs, n'est-
ce pas en rappelant sans cesse à l'élève les mots de notre langue,

que nous la lui apprendrons? et cette méthode n'est-elle pas infiniment plus abrégée que celle qui lui en mettrait seulement la définition sous les yeux? Que dirions-nous d'un maître qui défendrait à ses élèves de se servir, en lui parlant, des mots de la langue française, et qui voudrait les assujétir à ne faire usage que de leurs définitions, de leur analyse?

« Et pourquoi voudrait-on asservir le sourd-muet à suivre cette marche lente et pénible? Cet infortuné ne pourra-t-il donc jamais, comme nous, exprimer sa pensée par les mots d'une langue? Lui faudra-il toujours se traîner à pas lents et ne manifester les mouvemens et les affections de son ame; si souvent expansive et bouillante, que par de longues et fatigantes pantomimes?

« J'ai essayé de venir à son secours, de le débarrasser de ces entraves. J'ai fixé d'une manière précise les signes d'un grand nombre de mots; je lui ai montré cette prononciation manuelle. Aussi la saisit-il avec avidité; aussi le voyons-nous, dans ses conversations les plus animées, les plus vives, abandonner toutes ces pantomimes tardives pour les signes des mots, qui, sous sa main, deviennent un véhicule rapide de ses pensées. Comme ses avides regards se fixent sur nos mains, lorsqu'au moyen du signe des mots, elles font passer dans son ame les idées et les sentimens que nous voulons lui transmettre! Avec quelle étonnante vivacité ses mains nous répondent et parlent à nos yeux!

« Mais si les mots présentent des acceptions diverses, les signes qui les désignent ne prendront-ils pas aussi des formes différentes? Non sans doute; la forme écrite des mots ne change point, lorsqu'ils offrent des acceptions différentes. Ils conservent toujours, et la même orthographe sous la plume, et le même son de voix dans notre bouche; pourquoi, sous la main du sourd-muet, ne conserveraient-ils pas aussi toujours la même forme?

Il me restait encore un pas à faire pour avoir des signes d'un usage commode et qui pussent se classer facilement dans la mémoire du sourd-muet. Je devais les grouper, et rattacher à un signe radical tous ceux qui indiquent les mots dérivés d'une souche commune.

« Ainsi, tous les dérivés d'un verbe devaient avoir pour signe radical le signe même de ce verbe, et une nuance légère devait les caractériser assez pour que le sourd-muet pût les distinguer entre eux.

« Il en était de même des mots composés. Dans les autres écoles, on est forcé de faire autant de pantomimes qu'un verbe peut recevoir d'acceptions, par la combinaison des diverses prépositions. Ainsi, le verbe *poser*, qui, par sa réunion avec un grand nombre de ces prépositions, éprouve dans sa forme près de vingt métamorphoses, a pour les élèves de ces écoles un nombre prodigieux de pantomimes. En effet, les acceptions de ce verbe s'élèvent au moins au nombre de cent quatre-vingts ; mais les pantomimes qui, dans les autres, les représentent, sont toutes étrangères les unes aux autres.

« Pour moi, Messieurs, il me semble très avantageux d'exprimer ces prépositions dans les signes. Si jusqu'ici l'on n'a pu, sans employer le secours de la pantomime, réussir à faire écrire aux élèves les mots composés, c'est qu'on manquait, en leur dictant ces mots, d'un signe qui, dans sa forme, renfermât ce qui convenait pour indiquer la préposition attachée au mot qu'ils devaient écrire.

« D'un autre côté, c'était non-seulement abréger le nombre des signes que de faire entrer les prépositions dans leur formation ; c'était encore les rendre plus précis, plus expressifs ; c'était aussi venir au secours du sourd-muet et soulager sa mémoire, en donnant à tous les composés d'un même verbe un air de famille qui les range dans la même classe. C'était enfin lui donner l'esprit d'analyse sans lequel il ne peut, ni faire des progrès solides dans son instruction, ni entendre la finesse et la beauté des mots composés.

« Au commencement du mois de mars dernier, j'ai essayé de rendre la parole à un de mes élèves.

« C'est un sourd-muet de naissance et l'un des plus sourds de mon école, car il n'entend pas même le bruit d'un coup de pistolet tiré derrière sa tête. Il parle maintenant, et quoique le temps ne m'ait pas encore permis de régler le ton de sa voix, qu'elle soit encore trop gutturale, il s'exprime cependant déjà avec assez de netteté pour qu'on puisse l'entendre et suivre une lecture qu'il fait, soit en français, soit en latin, ou en italien, car il sait assez bien la première de ces trois langues, et il apprend les deux autres.

Ces différentes considérations m'ont conduit à ces principes généraux :

1° Les signes ne sont point une langue, comme on le prétend dans certaines écoles; ils ne sont que l'expression manuelle des mots d'une langue.

2° On doit faire le signe des mots, et non celui des choses.

3° Les signes doivent être simples, d'une exécution prompte et facile.

4° Les signes doivent avoir une forme invariable, et être exécutés toujours et par tous de la même manière.

5° Un mot ne doit avoir qu'un signe, quelque soit le nombre de ses acceptions.

6° Les prépositions qui entrent dans la composition des parties du discours, doivent être indiquées par les signes. »

Vu le haut intérêt qu'excite ce Mémoire sur un établissement local, mais digne d'être connu ou imité au-dehors [1]; la section décide qu'il sera consigné au procès-verbal, avec mention détaillée [2].

M. le Président vote, pour cette communication, des remercîmens à M. l'abbé *Jamet*, qui est présent [3].

---

[1] Le chef du *Bon-Sauveur* a été appelé à jeter les fondemens d'une institution semblable dans le midi de la France, à Alby.

[2] La Commission d'impression a cru ne pouvoir mieux entrer dans l'esprit qui a dirigé ce vœu, qu'en insérant textuellement le Mémoire.

[3] Le Mémoire qu'on vient de lire a été rédigé et présenté par suite

Communication de M. Du Feugueray.

M. Du Feugueray communique à la section un Mémoire dans lequel il examine la question suivante :

« Doit-on continuer de délivrer des brevets d'invention, de
« perfectionnement et d'importation ; et, dans ce cas, n'y a-
« t-il pas lieu d'apporter des perfectionnemens à la législation
« actuellement existante ? »

Le même membre présente ensuite quelques observations sur le mouvement de la population dans l'arrondissement de Toulon, pendant l'espace de sept ans
(de 1822 à 1828); il accompagne ces observations
de tableaux qu'il met sous les yeux de la section.

Séance du 25 juillet.
—
Proposition de M. Caumont.

M. de Caumont lit la proposition suivante, qu'il
avait préparée :

« Quelles améliorations peut-on apporter dans l'éducation,
« sous le point de vue moral ? »

Il ne la développe point, et cède la parole à M. Isidore Lebrun, qui, inscrit à l'ordre du jour pour trois
propositions, lit la première, ainsi conçue :

Proposition de M. Isidore Lebrun.

« Le Congrès exprime le vœu que l'émigration pour les
« colonies françaises ne soit permise aux nationaux qu'autant
« qu'ils justifieraient de revenus suffisans pour le voyage d'eux
« et de leurs familles, et de la pratique d'un art quelconque. »

des instances de plusieurs membres du Congrès, qui étaient allés
visiter le *Bon-Sauveur*. Il n'indique pas ce qui frappe peut-être
le plus généralement à l'inspection de ce grand atelier de charité
chrétienne ; c'est de le voir monté et établi sur une si vaste échelle,
par un homme seul et dépourvu personnellement de capitaux.

L'orateur, en développant cette proposition, fait remarquer la prodigieuse quantité de malheureux qui, de l'Allemagne, partent pour tenter de semblables établissemens; les mesures que la police est obligée de prendre contre eux, dans l'état d'indigence où ils se trouvent; la part que la population seule de l'Alsace donne à la France dans cette foule d'émigrans; le nombre de ceux qui passent par Paris; l'affligeant spectacle qu'ils présentent, tant sur la route qu'au Havre, quand ils peuvent atteindre ce port; les ravages que le choléra a faits parmi eux et pourrait faire par eux; la convenance qu'il y aurait à s'assurer s'ils partent avec un pécule suffisant, le défaut de ressources les mettant, d'ailleurs, à la merci de spéculateurs qui abusent de leur situation.

M. *Cassin* s'oppose à la proposition, non pas toutefois aux précautions qui seraient prises contre la cupidité dont ces malheureux peuvent être victimes ; mais il réprouve des restrictions qui les assujétiraient à une sorte de servitude.

M. *Henry Celliez* ne repousse ni n'approuve; il est d'avis que le Congrès signale ce point important de la migration, que la question soit prise en note comme question. Ne posons point en principe d'empêcher un départ qu'il vaudrait mieux favoriser, si les gens n'ont aucun moyen d'existence.

M. *De la Fontenelle* adopte l'idée d'appeler l'attention sur cette question importante; mais il ne veut pas qu'on apporte de restrictions à ce que les hommes aillent là où ils ont, par besoin, la volonté d'aller.

M. *Joyau* ne veut point, parmi les pays français de colonisation, citer Alger, pour ne pas être conduit à la politique. Nos anciennes colonies sont françaises, et il s'élève contre l'idée d'interdire aux Français d'aller vers tel ou tel point de leur patrie. Une restriction de ce genre ne pourrait être justifiée que par une grande nécessité.

M. *J. Le Chevalier* : « Un mouvement de colonisation est toujours utile : il débarrasse les grandes villes. » L'orateur appuie sur des principes d'économie politique cette opinion que le gouvernement ne peut jamais avoir intérêt à entraver la liberté individuelle de ceux qui veulent émigrer. Nul n'émigre gratis ; par conséquent nul n'émigre sans argent, sans un petit pécule. L'ancien mode de colonisation se faisait par le gouvernement, avec prévoyance sociale. Les théories d'économie moderne empêchent les gouvernemens de gouverner.

M. *de la Fontenelle* pense qu'il ne faut point investir le gouvernement d'un pouvoir attentatoire à la liberté individuelle.

M. *de la Chouquais* : « Dans nos principes politiques, chacun peut aller où il veut. Il est bon toutefois d'appeler l'attention du gouvernement sur les vexations et la cupidité dont souffrent les émigrans voyageant légalement avec leur passeport. » L'orateur est d'avis d'émettre le vœu qu'on cherche les causes de ces émigrations, les moyens d'en diminuer le nombre, et d'améliorer le sort des individus.

Un amendement dans le même sens est présenté par M. *Celliez* et combattu par M. *Lebrun*. Une discussion s'élève, à laquelle prennent particulièrement part ces deux orateurs. Après quelques observations, la section adopte, pour être soumise au Congrès, la résolution modifiée comme il suit:

« Le Congrès appelle l'étude et l'attention publiques sur cette « question :.

« Quels sont les moyens de régler les émigrations outre-mer, « et d'assurer l'existence des émigrans? »

Les deux autres propositions de M. *Isidore Lebrun* sont ainsi conçues.

« Le Congrès, aimant à se ressouvenir que la Normandie et « d'autres provinces de l'Ouest envoyèrent le plus d'habitans au « Canada, vu des intérêts de famille encore subsistans, et à « cause des coutumes, langage et usages français que conserve « la grande majorité de la population du Bas-Canada, forme le « vœu que les relations soient facilitées avec ces descendans de « Français. »

Autres propositions de M. Isidore Lebrun.

« Convaincu que le commerce a plus besoin d'être bien in- « formé des faits qu'encouragé par des primes, le Congrès exprime « le désir que les armateurs soient instruits du progrès de la « pêche de la morue par des peuples étrangers, afin qu'ils se « livrent davantage à la pêche de la baleine dans le grand Océan « et dans les mers du Sud et du Nord. »

Le Congrès, devant clore sa session aujourd'hui même, la section ne peut se livrer à la discussion de ces propositions ; mais elle décide qu'elles seront, ainsi que les suivantes, inscrites à son procès-verbal.

« Le Congrès appelle l'attention publique sur la question « de l'utilité et de la convenance de l'emploi des troupes

Proposition de M. Courty.

« nationales dans la confection des grands travaux d'utilité
« publique. »

« Le Congrès engage les Sociétés d'agriculture à s'occuper
« activement des moyens de répandre la pratique de l'usage
« des baux à long terme. »

« Le Congrès propose à l'étude de tous les hommes qui
« s'occupent d'améliorations sociales, les questions suivantes :

« La création de banques agricoles, qui fourniraient à l'in-
« dustrie agricole les capitaux qui lui manquent, n'est-elle pas
« l'un des moyens les plus praticables aujourd'hui, de déve-
« lopper cette industrie?

« Cette institution ne pourrait-elle pas recevoir une grande
« extension, si on la rattachait à la création de banques dépar-
« tementales?

« Quels seraient les avantages de pareils établissemens, tant
« pour les propriétaires et les agriculteurs, que pour les capi-
« talistes? Quels sont les obstacles qui s'opposent à leur fonda-
« tion? Comment peuvent-ils être levés?

« Quels seraient les moyens d'établissement d'une société
« de capitalistes et de propriétaires, formée dans le but de
« louer des terres à long bail à des agriculteurs capables, en
« les créditant pour l'exploitation des terres.

« Une association du même genre ne pourrait-elle pas
« s'établir dans le but de former, pour l'exploitation agri-
« cole, des sociétés entre capitalistes, propriétaires et culti-
« vateurs, analogues aux sociétés qui se forment aujourd'hui
« pour le commerce et les manufactures?

« Quelles devraient être les bases d'une pareille agence ou
« association?

« Le Congrès propose à l'étude de tous les hommes qui s'oc-
« cupent d'améliorations sociales, les questions suivantes :

« N'est-ce pas, aujourd'hui, vers l'augmentation de la produc-
« tion, plutôt que vers une meilleure distribution des produits,

« que doivent tendre, au point de vue industriel, les tentatives
« d'améliorations sociales?

« En cas de solution affirmative,

« Examiner si l'association entre les possesseurs de capitaux
« mobiliers ou immobiliers, les directeurs de travaux industriels
« et les artisans, n'est pas un moyen de produire en meilleure
« qualité, en plus grande quantité et à meilleur marché ;

« Examiner quelles seraient les bases et les lois de pareilles
« associations.

« Le Congrès émet le vœu qu'il soit fait des expositions   *Proposition*
« publiques, soit générales, soit partielles, des produits des   *de M.*
« beaux-arts et du commerce, dans les différentes localités où   *Galeron.*
« se tiendront successivement les Congrès futurs, en commen-
« çant par la ville de Poitiers, pour le Congrès de 1834.

« Considérant que l'étude des sciences sociales est un puis-   *Proposition*
« sant moyen, 1º d'éclairer les populations sur leurs véritables   *de M. Jules*
« intérêts ; 2º de former les hommes à l'exercice de leurs   *Le Chevalier.*
« droits et devoirs dans l'ordre civil, politique, moral et reli-
« gieux ; 3º enfin, d'empêcher la collision violente des passions :
« le Congrès appelle l'attention sur la nécessité d'organiser, en
« France, un enseignement de ce genre.

« Il est proposé au Congrès scientifique d'inviter les sociétés   *Proposition*
« savantes de réunir le plus de documens statistiques possible,   *de M. Simon.*
« et à cet effet d'accorder à ceux qui s'occupent de ces recher-
« ches, tous les encouragemens dont elles peuvent disposer. »

Le Secrétaire de la Section,   *Le Président de la Section,*

Le Comte de BEAUREPAIRE.   L'Abbé DANIEL.

SECTIONS

De Médecine et d'Économie sociale

RÉUNIES.

—

Le Congrès avait, dans son assemblée générale du 23 juillet, renvoyé aux sections réunies de Médecine et d'Économie sociale, l'examen d'une proposition prise en considération par la première, et qui était formulée ainsi :

« Appeler l'attention du Gouvernement sur la nécessité « d'établir une corporation qui ait le double but de garantir « la société des abus qui peuvent exister dans l'exercice de la « médecine, et d'assurer aux médecins une position sociale « convenable. »

Cette séance a eu lieu le 24, sous la présidence de M. *Hunault*, d'Angers, vice-président de chacune des deux sections.

M. *La Fosse* donne lecture de la partie du mémoire

déjà lu à la section des sciences médicales, en ce qui concerne seulement la proposition à discuter. Cette lecture ayant absorbé la durée de la séance, la discussion est ajournée à une séance extraordinaire indiquée pour le soir, à sept heures.

Les sections s'étant assemblées à l'heure indiquée, une discussion a été entamée.

M. *de Stabenrath* déclare qu'à ses yeux la question est inutile ; il l'examine légalement et moralement. Quand les faits qu'on peut reprocher aux médecins sont prévus par une loi pénale, c'est cette loi qui doit leur être appliquée ; si, au contraire, les médecins se sont rendus coupables de faits immoraux, mais que la loi civile ne réprime pas, ils ne sont justiciables que de leur conscience. Quant à l'établissement d'une corporation, pour les médecins, il pense qu'il n'y a pas de raison pour leur accorder ou leur imposer une disposition semblable ; car les autres professions pourraient demander la même faveur, ou souffrir la même gêne. Cette mesure devrait s'appliquer aux professions mêmes les plus infimes, les blanchisseuses [1] par exemple. Enfin il ajoute qu'il ne comprend pas ce que l'on demande en réclamant pour les médecins une *position convenable dans le monde* ; il croit que ceux, et ils sont en immense majorité, qui exercent honorablement leur profession, jouissent de tous les droits et de toute la considération attachée aux professions libérales, et que leur position est très convenable.

M. *La Fosse* répond qu'en dehors des lois invoquées

[1] Au mot de *blanchisseuses*, un mouvement d'étonnement se manifeste dans l'assemblée.

par le préopinant, se trouve l'honneur, surtout pour les médecins spécialement soumis à tant d'obligations morales. Il ne sollicite pas un privilége pour son corps, mais il a signalé l'à-propos et le besoin d'une garantie pour la société; car l'industrie des médecins ne s'exerce pas, et ne doit pas se considérer pour elle-même, mais pour la société. Il est de l'intérêt de celle-ci, il est du droit commun, que les médecins soient jugés par leurs pairs. Par exemple, il serait bon que les médecins appelés à desservir les hospices fussent nommés par les hommes de la profession, et non plus par les Commissions des hospices. L'orateur insiste pour une garantie en faveur de la société.

M. le colonel *d'Ison* s'élève contre le rétablissement proposé d'une corporation; l'inquisition était une corporation, et elle a condamné Galilée. « Laissons, dit-il, au public à apprécier les médecins; le remède à tout, c'est d'éclairer le peuple. » Voter pour la mesure proposée, serait adopter un principe d'exclusion que l'orateur regarde comme tyrannique.

M. *La Fosse* répond que le tribunal ou la corporation qu'il a proposée serait assez limitée dans ses attributions, pour qu'il n'y eût pas à craindre les dangers qu'on vient de signaler.

M. *d'Ison* : « Ce tribunal serait donc une superfétation contraire au principe de la liberté vers laquelle nous marchons! »

Quelques paroles sont encore échangées entre MM. *La Fosse* et *d'Ison*.

M. *Hippeau* convient des inconvéniens signalés

dans le mémoire, mais ils ne sont point particuliers aux médecins : il reconnaît qu'il y a utilité, opportunité, mais non possibilité. Quel que soit le besoin d'association senti par la médecine, il croit que la mesure, telle qu'elle est proposée aujourd'hui, serait pernicieuse.

M. *Jules Le Chevalier* ne la trouve pas exécutable dans les conditions actuelles de la société ; mais il la juge digne d'être attentivement examinée, puisqu'elle signale un mal. Un cri est poussé, et il est naturel qu'il parte d'une société la plus rapprochée de l'individu. Le malheur est que presque tous se trouvent dans un intérêt opposé à la nature des fonctions qu'ils remplissent, c'est-à-dire des fonctions qui ont pour but de garantir l'individu d'un mal physique et moral. On a parlé de patente, mais il serait plutôt juste d'y soumettre les avocats. Il y a un vice très grand dans l'état actuel de ces deux professions, dont les membres ont voulu porter leur condition sociale plus haut qu'ils ne le pouvaient. Il leur faut un lien d'honneur et de moralité. Pour cela, il est bon d'avoir une corporation ; mais les corporations ont-elles montré un grand intérêt à accepter les innovations utiles à la masse des individus, ou à l'art ? Qu'on se rappelle comment, à Paris, ont été sifflés les juges d'un concours médical ; comment Broussais a long-temps été exclu des corporations et de l'Académie des Sciences. Des gens d'un âge mur peuvent ne pas croire aux innovations utiles et les repousser. Nous avons vu, chez les médecins, une grande anarchie et du charlatanisme. L'orateur critique et invalide radicalement la forme qui, dans la circonstance donnée, serait appliquée à la corporation.

D'un autre côté, le principe de la hiérarchie ne peut plus suffire. Les corporations religieuses peuvent diriger l'individu, parce qu'il y a là assujétissement à un pouvoir. La solution possible doit être trouvée par le principe de l'association, qui est la solution de toutes les questions semblables. Le mal vient de partout où l'individu a un intérêt opposé à celui de la société.

M. *de Stabenrath* s'étonne de ce qu'une expression dont il s'est servi, ait pu causer quelque rumeur dans l'assemblée; il n'est pas d'état qui puisse, aux yeux des savans qui l'écoutent, paraître vil et méprisable; il n'est pas d'homme qui ne mérite d'être honoré, quel que soit d'ailleurs sa position sociale, s'il remplit avec probité, zèle et désintéressement, ses devoirs de citoyen. C'est l'homme et non l'état qu'il faut envisager; il est convaincu que les membres des deux sections partagent son opinion à cet égard. Il revient ensuite sur les argumens qu'il a présentés d'abord, et les développe de nouveau.

M. *Le Chevalier* reprend la parole pour faire remarquer qu'il reconnaît les maux, mais que la corporation ne suffit pas pour les guérir, et qu'il faut en chercher le remède ailleurs.

M. *Henry Celliez* pense qu'il y a lieu, pour le Congrès, à appeler l'attention sur les moyens d'arrêter les inconvéniens signalés; il ne croit pas que la corporation soit le remède, et que le Congrès la puisse indiquer comme telle; mais on doit appeler toutes les solutions rendues nécessaires par l'état de choses qui résulte de l'opposition entre l'intérêt et le devoir.

M. *La Fosse* adhère à une proposition qui est émise, de substituer le mot *institution* à celui de *corporation.*

M. *Trouvé* prend la parole. Selon lui, si l'*institution* doit organiser une censure, cette institution est mauvaise; la haine s'établira entre le censuré et le censeur.

M. *Henry Celliez* propose d'employer le mot plus général de *moyens*, en laissant la porte ouverte à toute corporation ou non, etc.

M. *La Fosse* rappelle qu'il ne s'est point opposé à l'adoption du mot *institution*; il ne s'oppose point à ce nouvel amendement, sur lequel la discussion s'établit.

M. *Hippeau* estime que la proposition réduite à ces termes serait puérile. Il émet, sur l'importance de la question soulevée, des considérations qu'il résume en proposant de faire au Congrès un rapport sur la présente discussion.

M. *La Fosse :* « M. *Hippeau*, dans l'exposé des motifs de cette proposition, vient de plaider ma cause. »

M. *Trouvé* se range à l'avis qu'a proposé M. *Hippeau*, par la raison que le mal ne peut être empêché.

M. *Jules Le Chevalier* dit, au contraire, qu'il est convenable de poser la question; qu'il est bon, quand on reconnaît le mal, d'en chercher le remède. Il expose le malheur de jeunes médecins, sortant de l'École sans clientelle et sans ressources, s'écartant de la probité, faisant payer au paysan une consultation avant de la donner.

M. *Trouvé* rappelle l'expression *invidia medicorum;* il pense que le médecin ne doit jamais être juge de ses confrères.

M. *Lecerf* se range à l'avis de M. *Hippeau*, vu

qu'en premier lieu il n'est pas de la dignité d'un Congrès de poser la question ; que, d'ailleurs, cela aurait des conséquences ridicules et funestes ; que ce serait une espèce de mystification ; qu'on en conclnerait que la société des médecins est celle qui fait le plus de maux ; que ce serait injuste pour elle ; qu'ensuite, on en ferait autant pour les avocats et autres. — Il vote le rejet.

M. *d'Ison* combat la proposition en elle-même.

M. *Le Chevalier* résumant la marche que la discussion a suivie jusqu'ici, pense que les meilleures raisons contre la proposition ont été données par M. *Lecerf.* Quant à lui, il reconnaît que la *corporation* est hors de cause, et il revient sur la considération d'opportunité. Nous avons le sentiment du besoin existant, avant de connaître le but où il faut arriver pour le satisfaire. Ce sentiment nous est communiqué par un médecin qui nous fait connaître une douleur affectant sa profession. L'orateur croit qu'il s'agit ici, non pas sans doute de recourir à l'appel au peuple, mais bien d'en appeler au génie humain, représenté par la science et le talent. Souvent ont été résolues des questions dont on ne prévoyait pas la solution. L'orateur croit que ne vouloir poser cette question, serait mettre des barrières à la science.

M. *Lecerf* : « Il y aurait grand danger à pénétrer les esprits de l'idée que tout est mal, qu'on veut changer tout le système industriel ; il est périlleux de signaler le mal en général, sans le remède. »

L'orateur insiste pour le rejet.

M. *Henri Celliez* déclare l'opportunité de la question.

« Nous signalons ce mal, dit-il, non en général, mais en particulier chez les médecins. »

M. *Joyau* fait observer qu'on est quelquefois parti de deux principes opposés ; quant à lui, il dit que notre principal objet est de perfectionner les connaissances humaines, pour arriver au plus grand bien de la société. D'autres sont d'avis que tout est mal dans la société, qu'il faut la refaire. Nous pourrions nous rendre suspects et donner de l'ombrage.

M. *La Fosse* se défend à cet égard. (M. *Joyau* répond qu'il n'avait fait aucune observation sur lui.) — Il voit que l'objection à adopter la mesure proposée porte sur des considérations générales, et il le reconnaît d'après ce que vient de dire M. *Joyau*.

M. *Le Chevalier* : « Il est opportun de nous expliquer, nous qui ne sommes pas un public, de nous expliquer sur l'intention du Congrès et de ceux qui trouvent tout mal. Une réunion de ceux qui trouvent tout bien et de ceux qui trouvent tout mal, donne une bonne position pour faire avancer la science, à l'aide d'hommes préoccupés de ces deux questions opposées. La jeunesse, qui veut aller en avant, trouve tout mal ; l'âge mûr pense et sent autrement. Un congrès scientifique est favorable, en cela qu'il se forme de la partie la plus éclairée de la population, qui s'est posée au nom de la science et non pas des partis, et qui connaît la sainteté de la science. Il est bien de faire ainsi un appel à l'intelligence humaine. Ceux du parti péjoratif sont ceux qui ont vu convenance à proposer devant un Congrès de ces choses de pure discussion. D'ailleurs, les congrès scientifiques sont entrés légalement dans la voie, par la fondation de l'Académie des sciences morales et politiques.

M. *d'Ison* parle des limites qui sont posées à un Congrès scientifique.

M. *Hippeau:* La déclaration du Congrès le placerait au point de vue d'un précédent orateur (M. *Le Chevalier*). M. *Hippeau* prononce les mots *saint-simoniens* ou *fouriéristes*, qui excitent des murmures dans l'auditoire. Il fait voir qu'on se mettrait au point de vue de Saint-Simon ou de Fourier, qu'on se mettrait nettement sur le terrain de la réforme sociale, en sentinelle trop avancée.

M. *La Fosse* fait observer qu'au point où le débat a été amené, on agite une question politique, sociale, en dehors de la science.

M. *Le Chevalier* répond à M. *Hippeau:* « Je ne suis point venu parler au nom de Saint-Simon et de Fourier; je suis venu parler au nom de la science. Il faut poser une question: si elle est vraie, n'importe d'où elle vient. On peut admettre une partie de système, quand on est éclectique. »

M. *Hippeau* revient sur la marche qu'a suivie la discussion. Il persiste à soutenir que M. *Le Chevalier* ne s'est pas tenu à des généralités; mais qu'en discutant et en justifiant les argumens de M. Fourier, il a évidemment arboré un drapeau.

M. *de Guyon* demande la clôture de la discussion sur la proposition de *M. La Fosse*.

M. *La Fosse* déclare que la proposition n'est pas la sienne; qu'elle est celle de la section de Médecine, qui a voté pour qu'elle fût soumise au Congrès.

M. *Le Sauvage* répond à cette observation, et en élève une autre sur l'opportunité de la proposition en elle-même, dans un moment où l'on sait que l'administration supérieure s'occupe d'un travail sur la matière.

M. *La Fosse* réplique au préopinant.

M. *de Beaurepaire* pense qu'il faut en revenir à la proposition de M. *Henry Celliez*.

M. *Bouffey* fait observer que les deux sections réunies n'avaient pas reçu du Congrès le droit de modifier ainsi la proposition qu'il leur avait envoyée, qu'elles devaient la prendre ou ne pas la prendre en considération.

M. *Lecerf* ne partage pas cette opinion.

Un débat s'élève sur la priorité. MM. *d'Ison* et *Bunel* y prennent part. L'Assemblée décide que la priorité sera pour la question amendée par la substitution du mot *les moyens* à celui *d'une corporation*. Cette proposition, ainsi amendée, est, en conséquence, mise au voix; elle est rejetée.

La proposition principale est ensuite mise aux voix; elle est également rejetée.

<table>
<tr><td>Les Secrétaires de la Section,</td><td>Le Vice-Président,</td></tr>
<tr><td>Le comte DE BEAUREPAIRE.</td><td>HENAULT, d'Angers.</td></tr>
<tr><td>LA FOSSE.</td><td></td></tr>
</table>

ASSEMBLÉES

GÉNÉRALES.

ASSEMBLÉES

GÉNÉRALES.

———

Séance
générale
du 21 juillet
1833.

A deux heures, la séance est ouverte, sous la présidence de M. l'abbé *de la Rue.*

M. *de Caumont*, sécrétaire-général, lit le procès-verbal de la séance d'ouverture; la rédaction en est adoptée.

M. *A. Le Prevost*, vice-président, communique les lettres adressées au Congrès, et dans lesquelles un grand nombre de savans expriment leurs regrets de ne pouvoir se rendre à l'invitation qui leur a été faite (*voir* la Liste générale des membres). Plusieurs d'entre eux expriment le désir qu'à l'avenir les Congrès scientifiques soient réunis pendant les vacances des tribunaux, des établisse-mens publics et des sociétés savantes.

M. *Le Prevost* donne ensuite lecture des titres de divers ouvrages dont il est fait hommage au Congrès. (*Voir* le Catalogue, à la fin du volume.)

L'assemblée, considérant qu'il ne peut y avoir un dé-pôt d'archives commun à tous les Congrès, dont le siége est destiné à varier à chaque session; que, cependant, il

y a nécessité de pourvoir à la désignation d'un local
public pour recevoir et conserver, tant leurs actes originaux, que les ouvrages, soit imprimés, soit manuscrits, qui
sont ou seront offerts au Congrès ; que les biliothéques
publiques offrent le plus de garanties à cet égard : décide
que les archives de la présente session seront déposées à
la Bibliothéque de Caen.

MM. les Secrétaires des sections présentent le résumé
des travaux auxquels on s'est livré dans les réunions
particulières qui ont eu lieu le matin.

M. *A. Deville* développe ensuite les propositions qui
ont été prises en considération par la section d'Archéologie et d'Histoire.

1.

« Le Congrès invite tous les antiquaires et amateurs de France,
« possesseurs de collections d'objets d'art et d'antiquités, à en
« dresser l'inventaire, spécialement en ce qui concerne la France,
« et à en donner communication à la société savante la plus
« voisine de sa résidence.

« La même invitation est adressée aux sociétés savantes et
« aux conservateurs de collections publiques, en les engageant
« à faire entre eux un échange de leurs Catalogues respectifs. »

Cette proposition est adoptée après une courte discussion.

2.

« Le Congrès emploiera tous les moyens en son pouvoir, tant
« par la publicité qu'en s'adressant aux autorités compétentes,
« pour obtenir qu'une réunion de départemens, répondant autant
« que possible à l'ancienne division provinciale, puisse envoyer à
« l'École des chartes, à Paris, un élève qui, plus tard, serait placé

« dans le principal dépôt de la circonscription comme archiviste,
« et serait chargé de l'examen, du classement et de la conser-
« vation des chartes et autres pièces manuscrites anciennes. »

Cette proposition donne lieu à une longue discussion.

M. l'abbé *de la Rue* craint que les élèves envoyés à
l'École des chartes ne remplissent pas entièrement l'attente du Congrès. Ces jeunes gens apprennent moins à
déchiffrer les anciens titres, qu'ils ne s'occupent à y chercher des anecdotes piquantes, qu'ils livrent ensuite à la
curiosité publique, sous une forme et dans un but tota-
lement différens des motifs qui les ont fait envoyer à
cette école.

MM. *Blouet*, de Coutances, *de Brix*, d'Argentan,
Deville, de Rouen, *Duhamel*, de Troarn, *de la Fontenelle*, de Poitiers, *Galeron*, de Falaise, *Joyau*, de Caen,
Leprevost, de Bernay, *de Vendœuvre*, de Caen, présentent successivement des observations, à la suite
desquelles la proposition de la section d'Archéologie est
adoptée.

.3.

« Le Congrès fera sentir aux sociétés savantes des départemens
« l'intérêt que présenterait la publication de biographies et de
« bibliographies locales, soit par départemens, soit par provinces,
« et les engagera à s'occuper de ce travail. »

Une nouvelle discussion a lieu : elle porte principalement sur l'indication donnée de dresser, par province, les
travaux dont il est question. On fait observer qu'il n'est pas
possible d'étudier l'archéologie par départemens, lorsque
toute l'histoire nationale comprend la France divisée par

provinces ; que ce serait faire un travail aussi défectueux qu'inutile, si l'on n'embrassait pas un plus grand espace de territoire, et si l'on divisait des pays qui, soit que l'on considère les lieux, ou que l'on étudie les hommes, ont été si long-temps réunis ; que tous les monumens et les écrits des anciens sont relatifs, soit à la Normandie, soit à la Bourgogne, soit au Poitou ; qu'il est ainsi impossible de se méprendre sur les intentions, et de trouver dans des expressions qui n'ont de rapport qu'à l'histoire, aucun penchant à faire abandonner un système de division politique qui existe depuis quarante ans.

Ces explications décident le Congrès à adopter la proposition dans sa forme, son avis ayant été unanime, quant au fond.

M. *Bunel*, de Caen, lit un Mémoire qui a été communiqué à la 1re section, dans lequel il expose les moyens qu'il emploie pour obtenir le plus de précision possible dans la détermination des hauteurs à l'aide du baromètre.

L'heure avancée ne permettant pas de lire un discours sur l'histoire des ducs d'Aquitaine, par M. *de la Fontenelle*, de Poitiers, le Congrès entend plusieurs Élégies de madame *Coueffin*, de Bayeux.

Le Congrès, considérant qu'il est nécessaire de pourvoir aux dépenses auxquelles la réunion donne lieu, et à celles qui auront pour objet l'impression et la distribution du compte rendu de ses travaux, décide qu'une cotisation de dix francs sera payée par chacun des membres de l'assemblée.

M. *Faucon-Duquesnay*, secrétaire-archiviste de la Société Linnéenne de Normandie, est chargé des fonctions de trésorier.

M. le Président annonce qu'il n'y aura point de réunion générale le 22, à cause de la séance publique de la Société des Antiquaires de Normandie, à laquelle tous les membres du Congrès sont invités d'assister, et qui se tiendra dans le même lieu et à la même heure que les séances générales.

———

Le Congrès prend connaissance de deux adresses, l'une de la Société libre d'Émulation de Rouen, relative à l'érection d'une statue colossale en bronze en l'honneur de Pierre Corneille ; l'autre de la Société d'Agriculture, Belles-Lettres, Sciences et Arts de Poitiers, concernant un projet de souscription pour la conservation du temple de Saint-Jean, dans la même ville [1].

Séance générale du 23 juillet.

[1] Nous donnons ici la copie de ces deux lettres.

Lettre de la Société libre d'Émulation de Rouen.

« MESSIEURS, c'est à vous, qu'une grande et féconde pensée a réunis solennellement dans cette enceinte, à vous les représentans de tout ce que cette contrée renferme d'hommes cultivant, aimant, honorant les lettres, les arts, les sciences ; à vous qui, fraternisant de pensées, de vœux, de sympathies avec les enfans de la Normandie, venez, par votre seule présence dans ces murs, d'épouser ses intérêts, ses gloires, ses grands hommes ; c'est à vous tous, Messieurs, qu'il appartient de sanctionner, par votre noble et éclatante adhésion, l'hommage qui va être rendu, dans sa ville natale, à Pierre Corneille. Un siècle et demi s'est écoulé depuis que la mort frappa l'auteur du Cid et des Horace, et sa patrie n'avait encore payé qu'un vain tribut de regrets à la mémoire de ce poète immortel. Une statue colossale en bronze, représentant le père de la Tragédie française, va enfin le ven-

MM. les secrétaires des sections présentent le résumé des travaux de leurs sections respectives, dans les séances des 22 et 23 juillet; puis ils soumettent à l'assemblée les propositions prises en considération par les quatre premières sections.

Ces propositions donnent lieu à des discussions auxquelles prennent part MM. *Asselin*, *Bunel*, *de Caumont*, *Duhamel*, *de la Fontenelle*, *La Fosse*, *Galeron*, *Hip-*

ger d'un si long oubli, et relever ses compatriotes d'une si coupable indifférence. Bientôt la ville qui lui a donné le jour va voir apparaître l'image du grand Corneille. Nous avons voulu qu'on pût inscrire sur le piédestal de sa statue : *A Pierre Corneille, par souscription.* Notre pensée a été comprise, notre appel a été entendu. Riches, pauvres, puissans du jour, simples artisans, sont venus déposer leur offrande. Ils ont prouvé que le nom de Corneille a encore du retentissement, et que la gloire et les grands hommes vont bien aux cœurs français. En vous appelant, Messieurs, à vous associer à cette œuvre de reconnaissance publique, nous avons cru aller au-devant des sentimens qui vous animent pour tout ce qui est grand, noble, généreux, et vous fournir une occasion de dater glorieusement vos travaux. La fleur que vous attacherez à la couronne qui va parer le front du grand Corneille ne sera pas la moins douce à sa mémoire.

« Nous avons l'honneur d'être, Messieurs, avec attachement et confraternité, vos dévoués serviteurs,

Les Membres de la Société d'Émulation de Rouen et du Comité de souscription pour le monument à élever à Pierre Corneille.

Signés DESTIGNY, BERTRAN, DEVILLE, TOUGARD, E.-Hyacinthe LANGLOIS.

Rouen, le 17 juillet 1833.

Lettre de la Société d'Agriculture, etc., de Poitiers.

« MESSIEURS, un monument d'une haute importance existe à Poitiers; curieux par les détails de son architecture, il est précieux surtout par l'époque de son origine. Il faut passer le Rhin pour en trouver un qui lui soit contemporain.

« Le *Temple de Saint-Jean*, nommé aussi *Tombeau de Claudia Varenilla*, a été l'objet des études d'un grand nombre de savans ; Dreux-

peau, Jules Lechevalier, Leprevost, de Magneville, de la Rue, de Stabenrath, Le Sueur-Merlin, Trouvé, de Vandœuvre.

1.

« Inviter toutes les personnes qui possèdent des objets fossiles « à donner connaissance de leurs collections en ce genre, en « indiquant, autant que possible, les lieux où ces objets ont été « trouvés et leur gisement. »

Duradier, l'abbé Lebœuf, Mabillon, dom Martenne, dom Fonteneau, Visconti ; MM. Le Noir, Millin, Siauve, Dufour, de Caumont, Ludovic Vitet, se sont occupés de son architecture, de sa destination, de l'inscription tumulaire qu'on y a trouvée, et surtout de la date de sa fondation, qu'on s'accorde à faire remonter au 4me ou au 5me siècle. C'est le seul échantillon qui nous reste de cette époque.

« Ce monument, qui a échappé à l'action du temps, aux ravages de la guerre, au marteau révolutionnaire, vient d'être voué à la démolition; une rue projetée doit passer sur le sol qu'il occupe.

« Déjà notre Société, appuyée par la haute administration du département, a fait entendre des réclamations. Elle n'a pu vaincre les rigueurs économiques du Conseil municipal; c'est de l'argent qu'il faut pour détourner la rue, ou la faire circuler autour du monument. Le Gouvernement, sur la demande de M. L. Vitet, consacre 6000 fr. à cette œuvre de savoir et de bon goût ; mais cette somme est insuffisante, soit pour les acquisitions de terrain, soit pour les dépenses de restauration que va nécessiter le temple dégagé des constructions qui l'entourent.

« Nous nous adressons à vous, Messieurs, pour vous prier de nous aider à payer la rançon de notre vieux monument, qui sera le vôtre aussi, grâce à la confraternité que la science établit entre les hommes qui la cultivent.

« Vous voudrez bien adresser votre offrande à M. Bouriaud, trésorier de la Société, rue Neuve, à Poitiers.

« Nous vous prions, Messieurs, d'agréer l'assurance de notre haute considération.

Le Président et les Commissaires de la Société,

BONCENNE, BARBAULT DE CHAUMON, LA FONTENELLE, l'abbé GIRAULT, HYVONNAIT, FOUCART.

2.

« Engager les Conseils généraux de département, et les
« Sociétés d'agriculture, à créer des concours annuels de
« charrues, et à publier les résultats de ces concours, afin que,
« dans peu d'années, on connaisse exactement l'espèce de
« charrue convenable à chaque nature de sol. »

3.

« Prier le gouvernement de provoquer la création de *Comices*
« *agricoles* dans toute l'étendue de la France, à l'instar de
« ceux qui existent déjà dans plusieurs départemens. »

Sur cette proposition, on a fait l'observation, d'une
part, que déjà ces comices ont lieu spontanément dans
plusieurs départemens; de l'autre, que le Ministre de
l'intérieur a engagé les autorités administratives à en
presser la réunion dans les autres. Il a été répondu que
le Congrès, en reconnaissant d'une manière expresse
l'utilité des comices agricoles, ajoutera à la recomman-
dation du gouvernement la force de conviction où
sont les Sociétés savantes et les agronomes des bons
effets de ces réunions, et que, de ce concours, on ne
peut attendre que d'heureux résultats.

Le Congrès adopte les propositions.

4.

« Inviter le Gouvernement et les Sociétés d'Agriculture à faire
« tous leurs efforts pour introduire dans les contrées septentrio-
« nales de la France la culture du mûrier, afin de porter à toute
« l'extension dont elle est susceptible l'éducation des vers à soie. »

5.

« Employer tous les moyens de publicité, de persuasion;

« s'adresser aux autorités, aux Sociétés savantes, aux corps
« compétens, pour encourager l'instruction des vétérinaires, et
« éclairer l'opinion publique sur les dangers de l'ignorance de
« la plupart de ces artistes. »

6.

« Appeler l'attention du gouvernement sur la nécessité d'une
« loi concernant l'organisation des Écoles de médecine des
« départemens, en tenant compte des ressources et des besoins
« des localités. »

Après l'adoption de ces trois propositions, le Congrès
renvoie aux sections des Sciences médicales et d'Économie sociale réunies, l'examen d'une autre proposition de la troisième section.

7.

« Engager toutes les Compagnies académiques de France à
« recueillir tous les noms de lieux appartenant au territoire sou-
« mis à leurs recherches, soit qu'ils soient fournis par des docu-
« mens historiques originaux, soit qu'on se les procure par les
« chartes ou par les inscriptions ; et à les publier, sous leur forme
« la plus exacte, avec l'indication la plus précise que possible
« des localités qui les représentent dans la topographie actuelle
« de la France. Ce travail sera étendu aux anciennes divisions
« territoriales, soit ecclésiastiques, soit civiles. »

On fait observer que M. *Lapie* a entrepris une carte
géographique de la France, sur laquelle sont indiqués
tous les lieux sous les différens noms qui leur ont été
imposés ; que, dès-lors, les recherches demandées sont
inutiles ; mais on répond que la carte de M. *Lapie* n'est
relative qu'à l'état de la Gaule sous les Romains.

Après ces observations, le Congrès adopte.

8.

« Inviter les Sociétés savantes à réunir les élémens d'une
« statistique monumentale de la France, divisée par époques
« gauloise, romaine et du moyen-âge, à l'instar de ce qui a été
« fait dans plusieurs départemens de la Normandie (dans le
« Calvados, par M. *de Caumont* ; dans l'Eure, par M. *Le Pre-*
« *vost* ; dans la Manche, par M. *de Gerville*), et dans quel-
« ques autres parties de la France. »

9.

« Engager l'université à admettre dans l'enseignement quel-
« ques notions d'archéologie nationale ; inviter, pour faciliter
« l'exécution de cette mesure, M. de Caumont à faire imprimer
« un résumé de son cours d'archéologie, sous forme de manuel. »

M. *de Caumont*, déférant à cette invitation, prend
l'engagement de faire cette publication.

10.

« Solliciter la création de Musées d'antiquités nationales,
« dans tous les chefs-lieux de départemens. »

Quelques membres font remarquer que ces Musées
sont commencés dans les départemens de la Seine-Inférieure et du Calvados.

11.

« Prier le Ministre compétent de faire reconnaître officielle-
« ment des autorités locales, les conservateurs divisionnaires et
« sous-conservateurs adjoints à l'inspecteur général des monu-
« mens historiques, et de fixer leurs droits et attributions. »

12.

« Engager les Sociétés savantes et les antiquaires à indiquer

« sur des cartes les traces et les directions des voies romaines en-
« core existantes ou reconnues antérieurement, comme l'ont
« fait plusieurs membres de la Société des Antiquaires de Nor-
« mandie. »

Quelques propositions soumises au Congrès, par les
sections d'Agriculture, de Médecine et de Littérature,
sont, après discussion, renvoyées à ces sections pour
en arrêter une rédaction définitive.

Une commission, prise dans le sein de la cinquième
section, s'était réunie pour arrêter un projet de proposition qu'elle devait présenter au Congrès, sur des
questions d'intérêt général.

Après une première réunion, la Commission, composée de MM. *Alfred de Guyon*, d'Argentan ; *Jullien*,
de Paris ; *Lecerf*, de Caen ; *Jules Le Chevalier*, de
Paris ; et *Maillet-Lacoste*, de Caen, crut, pour mieux
remplir le but de sa mission, devoir s'adjoindre deux
membres par chaque section, qui, avec les présidens
et les secrétaires, composeraient une nouvelle commission appelée à préparer les élémens d'organisation des
futurs Congrès.

La Commission, ainsi modifiée, s'est réunie le 23 au
soir. M. *Deville*, un des secrétaires, fut chargé du rapport.

M. *Bertran*, de Rouen, en remplacement de M. *Deville*
absent, présente le rapport des résolutions que la Commission soumet au Congrès. Ce rapport donne lieu à une
discussion, dans laquelle sont entendus MM. *de Cau-*

Séance
générale
du 24 juillet.

mont, *Celliez*, *de la Fontenelle*, *le comte d'Ison*, *Joyau*, *Jullien*, *La Fosse*, *Lair*, *Le Prévost*, *de Stahenrath*, et après laquelle le Congrès adopte l'arrêté suivant :

Art. 1.

« Un Congrès scientifique annuel sera tenu successivement dans les principales villes de la France.

Art. 2.

« Le Congrès de 1834 aura lieu à Poitiers, dans la première « quinzaine du mois de septembre.

Art. 3.

« M. *de la Fontenelle de Vaudoré*, de Poitiers, est prié de « vouloir bien se charger des fonctions de secrétaire-général du « Congrès de 1834.

Art. 4.

« Il sera immédiatement imprimé à un très grand nombre « d'exemplaires un compte rendu des séances du Congrès de « 1833 tenu à Caen, pour être adressé aux membres qui l'ont « composé, aux Sociétés savantes et littéraires, et le surplus « être mis en vente par les soins de la Commission de rédac- « tion, qui restera chargée de la comptabilité du présent Congrès « et en rendra compte à la future réunion.

Art. 5.

« La rédaction du compte rendu, mentionnée ci-dessus, est « confiée à une Commission composée du Secrétaire général « du Congrès et des Secrétaires des sections en résidence à Caen.

« La même Commission est chargée de l'exécution des « mesures arrêtées par le Congrès. »

M. *de la Fontenelle* demande, et l'assemblée adopte,

que l'arrêté pris à la séance du 21 , relativement aux archives des Congrès, soit étendu à toutes les autres sessions, en décidant que les bibliothèques publiques seront dépositaires de ces archives.

· Après avoir présenté le résumé des travaux des sections pendant la matinée de ce jour , MM. les Secrétaires soumettent au Congrès les propositions prises en considération par leurs sections respectives.

Elles sont successivement adoptées, après diverses discussions, auxquelles prennent part plusieurs membres, principalement MM. *Celliez, Courty, de la Fontenelle, La Fosse , de Stabenrath, le comte d'Ison , Joyau, Jullien, Hippeau, Lair, Le Prévost.*

1.

« Encourager les voyages d'exploration ; recommander aux
« naturalistes et à toutes les personnes qui s'intéressent aux pro-
« grès de l'histoire naturelle, d'organiser, au moyen de sous-
« criptions, ces sortes de voyages, et de les diriger vers les points
« du globe les moins explorés. »

2.

« Engager les botanistes à portée du littoral de la Méditer-
« ranée à publier les espèces d'hydrophites non décrites qu'ils
« auraient recueillies, et à explorer avec soin les côtes dont les
« hydrophites sont encore imparfaitement connues. »

3.

« Appeler l'attention de tous les naturalistes français sur
« l'étude comparative de la botanique et de la géologie, sur
« l'influence possible des formations géologiques sur la végé-
« tation, et sur l'avantage de constater soigneusement, dans

« la description d'un végétal, quel qu'il soit, le caractère
« géologique du sol sur lequel il croît, pour jeter les bases
« d'une géographie géologique des plantes françaises. »

4.

« Émettre le vœu qu'il soit formé, dans chaque chef-lieu
« de département, et autant que possible d'arrondissement,
« une collection des objets d'histoire naturelle produits par
« chacune de ces circonscriptions territoriales. »

5.

« Émettre le vœu qu'il soit formé des bibliothéques par
« arrondissement, et que l'on s'occupe spécialement d'y réunir
« tous les ouvrages qui concernent la localité, à quelque titre
« que ce soit. »

6.

« Encourager, par tous les moyens possibles, la publication des
« documens historiques et descriptifs locaux inédits, et la réim-
« pression de ceux qui viendraient à manquer dans le commerce. »

7.

« Émettre le vœu que la continuation de la précieuse collec-
« tion des historiens de France, commencée par D. Bouquet,
« soit accélérée par tous les moyens possibles. »

8.

« Inviter les sociétés savantes et les propriétaires de collections
« à rechercher et publier toutes les monnaies gauloises, méro-
« vingiennes, carlovingiennes et capétiennes, jusqu'au XIIIe
« siècle, pouvant servir à l'avancement de la numismatique ou
« de la topographie locale. »

9.

« Soumettre aux méditations des savans, pour être approfondie
« et discutée au prochain Congrès, la question de savoir quelles

« sont les vraies conditions de développement d'une littérature
« nationale. »

Le Congrès décide que cette question, présentée par
la cinquième section, ne doit pas être restreinte à la
littérature française.

M. *Jullien* présente ensuite la proposition qu'il a faite,
et qui a été accueillie par la section de littérature :

« Inviter les différentes Sociétés savantes et littéraires à pro-
« poser pour sujet de prix *la meilleure organisation possible des
« Congrès scientifiques.* »

Après une courte discussion, la proposition se trouve
modifiée par la proposition suivante :

« Engager *en même temps* tous les savans à traiter cette
« question dans des Mémoires, qui seront adressés au secré-
« taire général du Congrès de 1834, pour être examinés et
« discutés à l'ouverture de la session prochaine. »

Tout en rendant justice aux intentions de l'honorable membre qui a fait la proposition et de ceux
qui l'ont modifiée, M. *de Caumont* demande l'ordre
du jour. Il pense que c'est aux Congrès eux-mêmes à
perfectionner successivement leur organisation ; que des
personnes isolées, et n'ayant point assisté au premier
Congrès, n'auraient que des idées peu exactes du but
que l'on se propose par l'établissement de ces réunions,
et qu'elles ne répondraient que très tardivement, et
vraisemblablement d'une manière peu satisfaisante, à
l'appel qui leur serait fait par l'intermédiaire des Académies de France. Il pense encore qu'il serait difficile d'arrê-

ter, au moins d'ici à quelque temps, un plan de travail absolument applicable à tous les Congrès, attendu que les travaux de chaque Congrès seront toujours en rapport avec le nombre des membres et avec la direction de leurs études; qu'ainsi, là où cinq cents personnes seront réunies, il y aura lieu d'établir un plus grand nombre de sections que dans les localités où il y en aura seulement deux cents. M. *de Caumont* croit aussi qu'il y aurait des inconvéniens à discuter, à l'ouverture de la session de Poitiers, les Mémoires qui auraient été adressés sur l'organisation du Congrès, attendu que cette discussion pourrait entraver les opérations de l'assemblée, sans parler de la précipitation avec laquelle on serait, en quelque sorte, forcé de délibérer et qui pourrait donner lieu à des résolutions dont les conséquences n'auraient pu être suffisamment prévues, ni appréciées. M. *de Caumont* croit enfin qu'il faut surtout maintenir un juste équilibre entre les différentes branches de la science, et n'en favoriser aucune aux dépens des autres, si l'on veut que l'institution des Congrès soit durable et vraiment utile.

M. *Jullien* déclare qu'en proposant d'inviter, au nom du Congrès, les sociétés savantes et littéraires à poser, comme sujet de prix, une question relative au mode d'organisation des Congrès scientifiques et aux avantages que la science et la société pourront retirer de ces Congrès mobiles et annuels, destinés à transporter successivement, dans les principales villes de France, des points de réunion de savans et d'amis des sciences, et des centres momentanés d'activité intellectuelle, il a cru, ainsi que la section de littérature qui avait adopté sa proposition, ne faire qu'une demande utile aux intérêts des futurs Congrès, sans enchaîner en rien leur avenir, et sans les engager dans aucune voie étrangère au but naturel de leur institution, celui de coordonner les travaux épars et isolés des savans, et de leur imprimer une meilleure direction ; que telle a été sa pensée dans sa plus pure expression ; mais qu'il suffit que sa proposition ait paru avoir quelques inconvéniens, et surtout qu'elle ait donné lieu à un dissentiment prononcé entre plusieurs honorables membres de la réunion, pour qu'il se fasse un devoir d'y renoncer, et il déclare formellement la retirer.

M. *Jullien* reçoit des marques nombreuses d'assentiment de la part des membres de l'assemblée.

M. *le comte d'Ison* demande que les vœux formés par le Congrès et pour lesquels le concours du gouvernement et des autorités serait nécessaire, ne donnent lieu à aucune autre communication, à leur égard, qu'à l'envoi du compte rendu des opérations du Congrès.

M. *de la Chouquais* propose de décider aussi que les délibérations du Congrès soient rédigées de manière à n'exprimer que des vœux, relativement à ce qu'on aura reconnu utile pour les sciences et les lettres.

Plusieurs membres déclarent que telle a toujours été leur opinion ; en conséquence, les propositions de M. *le comte d'Ison* et de M. *de la Chouquais* sont mises aux voix et adoptées.

La séance se termine par la lecture d'un Mémoire dans lequel M. *Blot*, de Colleville, présente des observations sur une maladie du blé, et sur les moyens de l'en préserver ; il démontre que l'insecte nommé iule terrestre « *julius terrestris* » (Fabricius), attaque les semences et les détruit. Ce Mémoire avait été communiqué à la première section.

———

MM. les secrétaires des sections rendent compte des travaux du matin.

Les propositions suivantes sont soumises au Congrès par les sections, et successivement adoptées.

1.

« Engager les propriétaires et administrateurs des dunes à « faire tout ce qui peut, selon les localités, rendre ces terrains « productifs, notamment en fixant les sables dont il faut éviter « la mobilité et le déplacement, en employant, d'après les expé- « riences qui ont été faites, le tamarisc, le saule, la bourdaine, « le bouleau, le genêt épineux, le genêt commun, la ronce, la « luzerne, le *carex arenaria*, *l'arundo arenaria*, le *triticum* « *junceum*, et plus encore le *triticum repens*. Recommander « aussi de soulever la terre, au moyen d'une petite pelle, dans « des terrains mobiles, sans endommager la surface, pour placer, « à quatre ou cinq pouces de distance, et à environ deux pouces « et demi de profondeur, de la graine d'argousier « *hippophaë* « *rhamnoïdes* », d'épinette, de cyprès, de sapin blanc, de pin « blanc d'Amérique, de pin sauvage, d'ypréau ou peuplier « blanc, et surtout de pin maritime.

2.

« Exprimer le vœu que le projet proposé par M. l'ingénieur
« en chef du Calvados, pour l'amélioration de la navigation
« dans la rivière d'Orne, et qui consiste en un vannage
« éclusé à la pointe de la Roquè, une écluse de navigation à
« la pointe du Siége, et une digue insubmersible entre ces
« deux pointes, soit de nouveau soumis à l'étude, afin de le
« voir promptement réalisé, l'exécution de ce projet intéressant
« la navigation des rivières en général. »

3.

« Engager les Sociétés d'Agriculture à s'occuper activement
« des moyens de faire passer dans la pratique l'usage des baux
« à long terme. »

4.

« Émettre le vœu que les géomètres en chef du cadastre, à
« l'imitation de leur collègue M. Simon, géomètre en chef du
« Calvados, fassent, 1º la description des cours d'eau par bassins
« hydrographiques, en suivant les progrès du cadastre; 2º le
« relevé des noms de localité suivant la véritable orthographe;
« 3º enfin un dictionnaire topographique donnant, par communes,
« le plus de détails statistiques possible, dans un ordre constant. »

5.

« Inviter les médecins à faire savoir, au prochain Congrès,
« s'ils ont remarqué quelques modifications dans la marche,
« les caractères extérieurs et les vertus préservatrices de la vac-
« cine. »

6.

« Encourager le projet formé par M. *de Golbéry*, et auquel
« ont déjà répondu plusieurs savans, de se rendre à Pompéi,
« en caravane, en traversant la France et la haute Italie, et en
« observant les monumens. »

7.

« Appeler l'attention des Sociétés savantes et des amis de
« l'histoire, sur la nécessité de recueillir et publier tous les
« renseignemens encore existans, relatifs aux familles françaises
« d'origine qui ont émigré dans l'Inde et l'Amérique, aux XVIe,
« XVIIe et XVIIIe siècles. »

8.

« Recommander également aux recherches des Sociétés sa-
« vantes et des amis de l'histoire, de recueillir et de publier
« tous les renseignemens inédits qui subsistent encore, relative-
« ment aux travaux et aux découvertes des navigateurs français,
« depuis le moyen-âge jusqu'au XVIIe siècle. »

9.

« Emettre le vœu que la publication des *Tables chronolo-*
« *giques des chartes et titres concernant l'histoire de France,*
« soit continuée et étendue. »

10.

« Émettre le vœu que le *Géorama*, sphère monumentale
« de cinquante-quatre pieds de hauteur et quarante-cinq pieds
« de diamètre, destinée à être vue intérieurement et à rendre
« plus facile et plus attrayante l'étude de la géographie, puisse
« être restauré et servir à l'enseignement de cette science,
« dans la capitale. »

11.

« Appeler l'étude et l'attention publiques sur la question de
« savoir quels sont les moyens de régler les émigrations outre-
« mer et d'assurer l'existence des émigrans. »

La cinquième section présente au Congrès trois propositions ainsi conçues :

« 1° Le Congrès, rendant hommage aux améliorations importantes introduites dans les établissemens universitaires, en ce qui concerne l'étude des sciences mathématiques, physiques et naturelles, de la géographie, de l'histoire des langues vivantes et de la langue française, trop long-temps négligée, demande s'il ne serait pas possible d'abréger le temps destiné à l'étude des langues grecque et latine, en introduisant dans cet enseignement la spécialité déjà adoptée pour les autres cours.

« 2° Le Congrès, reconnaissant l'insuffisance des ressources que possèdent la plupart des établissemens universitaires pour se procurer des objets de physique et d'histoire naturelle, des tableaux chronologiques ou des cartes de géographie d'une grande dimension, comme aussi pour créer des bibliothèques destinées aux élèves, émet le vœu que des ressources extraordinaires soient créées pour faire face à la dépense de ces utiles acquisitions.

« 3° Le Congrès, pénétré de toute l'importance d'un haut enseignement littéraire, philosophique et scientifique, émet le vœu de voir augmenter le nombre des Facultés. A ce vœu se joint celui de voir perfectionner l'organisation de cet enseignement supérieur qui produit malheureusement aujourd'hui de faibles résultats, et le Congrès demande, en même temps, s'il ne serait pas possible de forcer à l'assiduité les jeunes gens qui sont en état de le recevoir, soit en les soumettant aux mesures répressives employées dans les Facultés de droit, soit en faisant, d'un certificat d'assiduité à ces cours, une condition d'admission à de hautes fonctions administratives ou scientifiques. »

M. *Hippeau* annonce que, s'étant entendu avec M. *Bertrand*, professeur au collége de Caen, il a cru devoir faire subir divers changemens à sa proposition, et il soumet la rédaction suivante :

« La dernière loi sur l'instruction primaire ayant organisé un
« enseignement intermédiaire entre les études actuelles des

« colléges et l'instruction primaire proprement dite, et qui doit
« embrasser l'étude de la langue française, de la géographie,
« de l'histoire, les élémens des sciences mathématiques et phy-
« siques appliquées au commerce et aux arts, le Congrès ex-
« primerait le vœu :

« 1° Que l'enseignement des colléges ne soit qu'une conti-
« nuation, sans double emploi, de cet enseignement primaire
« supérieur, lequel suffirait aux jeunes gens qui ne se destine-
« raient pas aux professions savantes, et servirait de point de
« départ à ceux pour lesquels une instruction classique serait
« nécessaire ;

« 2° Que l'enseignement des colléges, ainsi débarrassé des
« élémens de ces connaissances nécessaires à tous, et qui, dans
« l'état actuel, allant de pair avec les langues anciennes, entra-
« vent la marche des études, ne comprenne que l'étude devenue
« alors spéciale de ces langues, plus, le développement plus
« étendu des sciences dont l'enseignement intermédiaire n'aura
« donné que les élémens ;

« 3° Enfin, que les Facultés, recevant les jeunes gens ainsi
« préparés pour les hautes études, présentent le complément
« des études scientifiques et littéraires, et que les inscriptions
« prises à ces cours supérieurs soient obligatoires selon les spé-
« cialités, comme cela existe déjà pour le droit et la médecine,
« à tous ceux qui aspirent aux professions libérales et aux hautes
« fonctions publiques. »

M. *Celliez*, de Blois, présente des observations importantes sur les améliorations à introduire dans l'éducation en général, et surtout dans l'éducation industrielle.
Le Congrès décide qu'il n'est pas suffisamment éclairé pour
prendre une décision sur la proposition de M. *Hippeau*,
et il ajourne cette décision à l'année prochaine.

On entend la lecture d'un *Essai historique sur l'ori-*

gine et les travaux de la Société philharmonique, fondée
à Caen il y a quelques années, et sur les heureux résultats obtenus par cette compagnie. Ce mémoire avait été
précédemment communiqué à la section de littérature
et des beaux-arts.

Après cette lecture, M. *Jullien* dépose une proposition
ainsi conçue :

« Exprimer le vœu que l'enseignement du chant soit admis
« dans toutes les localités où cela sera possible, au nombre des
« objets qu'embrasse l'instruction élémentaire et populaire, dont
« les attributions doivent comprendre le développement le plus
« complet des facultés humaines. »

Cette proposition n'ayant point été discutée dans la
section dont elle ressort, le Congrès décide qu'il ne peut
en délibérer, mais qu'elle sera insérée au procès-
verbal.

M. *Bertrand*, de Caen, donne lecture des deux
pièces de vers suivantes, de la composition de Madame
Coueffin :

Préface.

Vous qui lirez mes vers, n'y cherchez point ma vie;
Ne m'attribuez point cette mélancolie
    Qui souvent revient y gémir.
Si j'ai de la tristesse acquis quelque science,
D'autres ont fait pour moi sa dure expérience,
Et j'ai bien moins souffert que regardé souffrir.

Quelques-uns, des soucis quand leur cœur est la proie,
Par un sublime effort, d'une stoïque joie
    Affectent la sérénité.

Moi, j'aime à me cacher sous de sombres nuages,
Et dans de confuses images
Je voile ma félicité.

Ce fut toujours ainsi ; sur le sein de ma mère,
Faible enfant, j'accusais dans une plainte amère
L'exil et le ciel en courroux.
Comme aujourd'hui, donnant tout l'essor à mon ame,
Je plains mes vœux trahis et mes songes de flamme,
Sous les regards de mon époux.

Quel charme séducteur que je ne puis dépeindre,
Lorsque tout rit pour moi, vient me forcer à feindre
Ces rêves insensés ?
Je vais où cette voix puissante le commande ;
Soumise, je reçois son intime demande,
Mais pourquoi ? Je ne sais.

Peut-être la douleur a-t-elle tant d'empire,
Que vouloir lui ravir et sa vie et sa lyre,
Serait trop de témérité.
Peut-être mon bonheur, qui n'est pas de ce monde,
Sous l'abri protecteur de cette erreur profonde
Me semble plus en sûreté.

Et puis, lorsque je peins la tristesse cruelle,
Les regrets impuissans et l'absence mortelle,
Souvent on daigne croire à mes pleurs superflus.
Mais si j'osais jamais, éloignant tout mystère,
Dire ce que le ciel m'a donné sur la terre, .
On ne me croirait plus.

Réponse

A M. Alph. LE FLAGUAIS.

Vos complaisantes mains élèvent un trophée ;
Mais moi, je ne suis point cette puissante fée
A qui vous prétendez le consacrer : oh non !
Dans l'image brillante à mes regards tracée,
Que para de ses dons votre riche pensée,
Je n'ai reconnu que mon nom.

Ma muse est humble et frêle entre toutes les muses ;
Elle aime à murmurer des paroles confuses,
Quelques plaintes sans art d'amour ou d'amitié.
Et bien souvent encor, la jugeant trop naïve,
De ce qu'elle dicta ma main faible et craintive
   Efface en secret la moitié.

Et vous, vous prodiguez le manteau d'hyacinthe,
Et la couronne d'or, et l'auréole sainte
A celle qui toujours sous le lin se voila.
Et vous créez Lucie, idéal poétique,
Comme, en un jour heureux, votre pinceau magique
   Créa Delphine et Julia.

Ainsi, parfois, le monde en son culte s'abuse ;
Il sanctifie ainsi la plaintive recluse,
Il donne tout au ciel, ses larmes, ses soupirs,
Tandis que vainement elle combat son ame,
Et dérobe souvent d'une coupable flamme
   Et les regrets et les désirs.

Ainsi, jadis, moi-même, aux jours de ma jeunesse,
Plus que je ne sentis je peignis la tendresse ;
Et, d'un goût passager faisant un sentiment,
Paisible, je traçai les peines de l'attente,
D'un amour dédaigné la souffrance accablante,
   L'absence et son morne tourment.

Maintenant, je possède un paradis modeste.
Vous, dont la voix révèle un envoyé céleste,
Vous voulez de l'orgueil y mener le démon.
Frère, vous avez tort, et votre poésie
Me donne vainement la manne et l'ambroisie,
   Pour mieux me cacher le poison.

Laissez-moi donc la part que le ciel me destine ;
Et surtout respectez le nom de La Martine :
N'allez plus près du mien mettre ce nom puissant.
Bien que vos vers soient doux comme le chant des Anges,
Pour un peu d'amitié changez-moi vos louanges :
   Mon cœur en sera plus content.

Le Congrès entend ensuite, par l'organe de M. *Aug.
Le Flaguais*, de Caen, une ode sur Pierre Corneille,
composée par M. *Alphonse Le Flaguais*, son frère.

Corneille.

ODE.

Corneille! ô splendeur! ô génie!
Enfant de la terre du Nord !
Triomphe, encens, deuil, agonie,
Rien ne t'a manqué jusqu'au port!
Que de gloire! que de merveilles !
Quelle aurore, éclairant tes veilles,
Jetait des rayons dans tes vers!
Montagne au milieu des collines,
Grande figure qui domines
Les sommités de l'univers!

Quand tu t'avanças dans l'arène,
Jeune, puissant, audacieux,
Tu vis s'éloigner de la scène
Le noir troupeau des envieux.
Une ambitieuse arrogance,
Active et forte en sa démence,
Rejetait l'heureux novateur;
Mais, constant, superbe, intrépide,
Combattant seul et sans égide,
Rodrigue était deux fois vainqueur.

En vain, dépassant nos frontières,
Les muses des bords étrangers
Ont levé leurs têtes altières....
Des fruits d'or parent nos vergers.
La France, riche, indépendante,
Apporte une part abondante
Au grand banquet des immortels;
Et ta muse victorieuse,
Des débats du siècle oublieuse,
Reste debout sur ses autels.

Shakspear, Schiller, la tragédie
Vous doit des travaux surhumains:
Est-ce à nous, d'une main hardie,
De peser vos talens divins?
Dans les cieux, l'amitié, peut-être,
Vous unit à notre grand maître....
Silence à nous! Ne jugeons pas
Quel est le dieu parmi ces hommes:
Silence! aveugles que nous sommes;
Cessons de stériles combats.

Ombre auguste, viens m'apparaître:
Quitte le cercueil où tu dors.
Oh! viens, j'ai besoin de connaître
Tes maux, tes rêves, tes transports.
Raconte-moi, je t'en supplie,
Ta nef qui part, ton mât qui plie,
L'orage éloquent de tes jours,
Tes émotions, tes conquêtes,
Tes dégoûts, tes bonheurs, tes fêtes,
Ton océan roulant toujours.

Quand tu vivais dans ton ménage,
Au milieu de tendres enfans,
De ton soleil sous un nuage
Voilant les rayons triomphans,
Dis-moi, dans les plis de ton ame,
Dans ton sein brûlé par sa flamme,
Comment pouvais-tu contenir
Ces héros, ces mortels sublimes,
Ces dieux, ces illustres victimes
Qui te demandaient l'avenir!

Il était pour toi des prestiges
Que nous autres nous ignorons;
Car de la vierge des prodiges
Le sceau n'a point marqué nos fronts.
Nous n'avons que les étincelles
Du feu que tes noires prunelles
En traits ardens laissaient sortir;
Par toi notre ame est nuancée,
Car nous pensons par ta pensée:
Nous sentons; mais tu fais sentir!

Richelieu, rongé par l'envie,
Te voyait vaincre les hasards;
Ta gloire désolait sa vie;
Ton soleil gênait ses regards.
Mais, conquérant que rien n'arrête,
En passant tu ceignais ta tête
D'un laurier par toi fécondé;
Tu moissonnais, dans ta victoire,
Les hautes palmes de l'histoire
Et les larmes du grand Condé.

Hélas! après une existence
De travail, d'honneurs, de vertus,
Vieillard, tu dis à l'espérance
Des mots qu'elle n'entendit plus.
Tandis qu'en ta retraite obscure
Tu n'exhalais aucun murmure,
Trop fier pour chercher un appui,
Le grand roi, plein d'indifférence,
Laissait mourir dans la souffrance
Un indigent plus grand que lui.

On dit que ta raison troublée
Fléchit au déclin de tes ans :
La lampe du soir fut voilée.
Adieu, lyre aux nobles accens!
O! du sort fatale inconstance!
Eh quoi! le génie en enfance,
Le temple sans divinité!
Le feu rendormi sous la cendre!....
Mystère qu'on ne peut comprendre,
Toujours saint, toujours respecté!

Rarement l'écho de la plainte
Retentit au sein des palais.
Dans ces séjours la joie est feinte,
Mais y trouve un plus libre accès.
Cependant, le roi vient d'apprendre
Un malheur qu'il rougit d'entendre :
Sa main prodigue l'or.... Allons!
Hâtez-vous; le vieillard succombe :
Devant lui s'ouvrira la tombe
Quand vous apporterez les dons.

Ce géant que la gloire honore,
Napoléon disait un jour :
« Corneille, s'il vivait encore,
« Serait le second dans ma cour! »
Le poète froisser un trône!
Il avait aussi sa couronne.
Il eût refusé ses présens,
Préférant, loin du char qui roule,
Etre le dernier de la foule
Que le premier des courtisans.

Une odieuse calomnie
Prétend que notre âge avili
Dénigrant ton vaste génie,
Dit que ton bel astre a pâli.
O Corneille! la jeune France
T'admire, te chérit, t'encense :
Les jeunes cœurs n'ont point de fiel.
Ton nom, que suivent nos hommages,
Brille dans le lointain des âges
Dans les immensités du ciel.

Des rois nous voyons les statues,
Monumens d'un orgueil jaloux,
Sous nos yeux tomber abattues
Par les bras du peuple en courroux;
Mais ton image révérée,
Idole immobile et sacrée,
Ne craint pas d'odieux excès.
Le génie, écueil populaire,
Est le seul prince de la terre
Que l'on ne détrône jamais.

Après la lecture de ces pièces de vers, qui ont été accueillies par de nombreux applaudissemens, M. le comte DE BEAUREPAIRE prononce le discours suivant :

MESSIEURS,

« Veuillez permettre que la faible voix qui, pour le premier jour de votre réunion, avait été appelée à l'honneur d'exprimer devant vous nos communes espérances, se hasarde, au moment de la séparation, à vous entretenir de quelques-uns des sentimens que devra exciter en vous le souvenir de vos travaux.

« L'idée de vous convoquer, nouvelle quant à son application à la France, avait semblé à plusieurs d'entre nous, et je suis du nombre, un peu aventureuse ; toutefois, j'en conviendrai, le mouvement d'incertitude que pouvait exciter en moi l'étrangeté de notre réunion était contenu et, pour une forte part, dominé par un sentiment de confiance, je pourrais presque dire de foi, que je dois plus qu'un autre avoir dans le jeune et respectable savant qui nous a tous appelés, et qui si souvent m'a tiré de ma retraite pour me faire le dépositaire de ses généreuses inspirations et l'instrument de ses œuvres d'utilité publique.

« Assemblés à sa voix, nous avons tous compris que notre Congrès devait avoir un double caractère : science et patriotisme. Sous aucun de ces deux rapports, il n'a manqué à sa vocation.

« Les hommes de haute spécialité que réunit cette assemblée, placés, par leur choix entre les sections, sur le terrain qui rentre dans le vaste domaine de leurs études et de leur savoir, sont naturellement, à vos yeux comme aux miens, les appréciateurs et les garans du degré de mérite ou d'à-propos des communications qui ont été produites.

« Plusieurs de ces communications ont donné lieu, de votre part, à une délibération et à un vote. Vous avez fait, ainsi, plus d'un appel à la France et au monde savant.

Partout où votre voix sera entendue, elle devra ne retentir, ni sans profit pour la science, ni sans honneur pour vous. Vos résolutions tendent à encourager et à provoquer partout le goût des recherches utiles et l'amour du bien public. Les unes sont conçues dans un intérêt général ou universel, soit de théorie, soit d'application ; parmi les autres, on en remarquera plus d'une frappée, si j'ose le dire, au cachet du provincialisme, c'est-à-dire d'un esprit de grande localité, qu'il est éminemment salutaire de seconder et de fortifier, parce qu'il est l'élément naturel, fondamental et vivifiant de l'amour de la patrie ; parce que nul germe n'est plus important à développer, pour faire constamment circuler dans une bonne direction cette sève qui est, pour notre corps social, dans sa condition présente, un principe de vie ou de mort, selon qu'elle est rapprochée ou détournée de la voie où il faut la faire mouvoir pour le salut de la France et de l'humanité.

« Ce bon et honorable esprit de province, manifesté par vous, Messieurs, loin qu'on doive l'appréhender comme un symptôme d'isolement ou de séparation, est un moyen et un gage d'union entre toutes les parties de la grande communauté française. Si, d'un côté, il devait trouver un foyer naturel et actif dans notre glorieuse Normandie, de l'autre, vous voyez comment ce foyer s'est agrandi et nourri par la part de feu sacré qu'y ont apportée tous ceux de nos collègues qui sont, isolés ou en députation, venus d'autres contrées de la France, de la Picardie, de l'Artois, du Poitou, du Maine, des villes de la Loire et de cette capitale de province plus éloignée où naquit le grand Bossuet.

« Ces généreux citoyens, rendus à leurs résidences respectives et aux grandes divisions du territoire français, dont chacune d'elles est le point central, y prouveront, par leur exemple, comme par les souvenirs que vous leur léguez en ce moment, que l'esprit de province, bien compris et bien exploité, est, pour la France telle que les temps l'ont faite, un des meilleurs gages de régénération littéraire, scientifique et morale. Il donne à des esprits actifs et ouverts pour toutes les bonnes inspirations un aliment sain et le plus approprié à leurs besoins comme à ceux de la société.

« La première de vos opérations a été d'ajouter aux sections primitivement désignées pour points de partage de vos travaux, une nouvelle division qui ne figurait pas sur le programme, et que vous avez créée sous le nom d'*économie sociale*. J'ai eu l'honneur de siéger à ses séances comme secrétaire.

« Vous avez pu remarquer, Messieurs, que jusqu'à ce jour la section que vous aviez ainsi établie par un vote spécial, était seule demeurée muette devant vous, quand elles ont toutes été appelées à déclarer, par l'organe de leurs secrétaires, si elles avaient à vous proposer des résolutions concernant les sciences dont elles s'occupent. La science, Messieurs, dont notre section porte le nom, est, ce nom vous l'indique suffisamment, importante et vitale; en même temps elle a pris, depuis quelques années, une face nouvelle à laquelle nous ne devions pas rester étrangers. Toutefois, cette nouveauté même nous obligeait, pour rester fidèles à l'esprit de sagesse que vous avez imprimé à votre réunion, à mettre dans notre marche un caractère de mesure et de réserve que vous n'aurez pas manqué d'apprécier.

« En même temps, les objets traités dans nos séances, et surtout le talent qui, plus d'une fois, les a développés, ont excité un mouvement d'attention et d'intérêt qui n'a pas tardé à s'étendre au-delà des limites de notre fraction du Congrès. Cette circonstance me permet d'espérer que vous ne jugerez pas inopportun d'entendre ici une réflexion.

« L'économie sociale s'occupant de soulager les besoins de l'humanité est, en conséquence, appelée à les connaître et à les signaler. En mettant à nu et au grand jour les plaies de l'homme considéré dans ses rapports avec ses semblables, elle peut craindre de faire, jusqu'à un certain point, ressortir, et d'aggraver malgré elle les collisions momentanées ou autres qui tiendraient à ces rapports. En proposant, en se bornant même à indiquer des remèdes nouveaux, destinés à opérer au vif sur l'organisme chatouilleux des intérêts et des habitudes, elle peut craindre que l'appareil n'excite un effet contraire à ses vues pacifiques et conciliantes. La sollicitude qu'elle éprouve et partage, au même degré, pour tous les hommes répartis dans les combinaisons si variées de l'ordre social, peut l'amener à prévoir et à reconnaître qu'elle va, en passant, toucher et éveiller une fibre délicate, celle de l'égalité. Après avoir prononcé ce mot, elle viendra, comme elle l'a fait aux séances de notre section, montrer à côté de l'égalité, comme correctif et comme guide, le sentiment religieux. Si elle s'annonce à vos méditations comme ayant vu former dans son sein une nouvelle école, celle-ci, se plaçant ainsi à vos yeux sous le jour de la vérité et de la raison, vous fera remarquer qu'elle s'occupe d'unir les hommes par les liens de charité que nous devons au christianisme.

« Messieurs, ce peu de mots suffit pour nous le rappeler : le premier remède à cette grande maladie humaine que l'économie sociale se donne mission de signaler, celui qui, appliqué dans toute son étendue, guérit les blessures faites au cœur des vieux peuples quand elles sont guérissables, et les adoucit quand elles ne le sont pas, le remède qui, grâce à une vertu inhérente à sa nature, a pour effet d'attacher l'un à l'autre, par un bénévole et sympathique contact, le malade et le médecin, le pauvre et le riche, l'ouvrier et le chef d'atelier, et qui, enfin, se place de lui-même, avec tous les secours qui l'accompagnent, à la porte de tous les besoins et de toutes les infirmités, c'est le sentiment religieux.

« Au lendemain d'une de ces tempêtes qui, retentissant avec fracas dans l'histoire des nations, ont fait trembler la terre, et dans ces longues heures d'ébranlement qui succèdent, quand des ouvriers experts ou empressés vont cherchant à sonder les points dangereux où il faut tâcher d'étayer le sol, c'est alors qu'on doit craindre de rendre plus incertaine et plus vacillante encore la place de chacun, si on met ou laisse à découvert les côtés qui sont accessibles aux mouvemens ou aux attaques de la convoitise. Pour ne pas aggraver ces efforts contraires ou hostiles, qui peuvent compliquer l'oscillation, amener des déchiremens; en un mot, pour raffermir l'édifice social et la demeure du citoyen contre le coup de vent des passions, il faut conserver à la paix publique et privée la meilleure garantie possible contre les orages capables de la bouleverser.

« Messieurs, cette garantie, la religion peut seule la fournir; elle peut seule inspirer d'une manière forte, durable et universelle, les sentimens de concorde et de réciproque bienveillance qui sont aujourd'hui le premier vœu de la patrie, vœu que notre Congrès, entre autres mérites, aura la gloire d'avoir compris et réalisé par le touchant et patriotique accord dont ses membres ont donné l'exemple si constant. »

Ce discours est écouté avec beaucoup d'intérêt, et vivement applaudi.

M. DE LA FONTENELLE, chargé de remplir les fonctions de Secrétaire-général au Congrès de 1834, réclame la parole et dit :

« Messieurs, au moment où le premier Congrès scientifique de France termine sa session dans cette belle Neustrie, si riche en souvenirs historiques, et dont les habitans ont eu l'heureuse idée d'établir en France ces réunions qui prêteront un secours si puissant aux progrès des sciences et des lettres, j'éprouve le besoin d'élever un instant la voix.

« Honoré de votre confiance pour aviser aux mesures destinées à assurer la tenue d'un second Congrès, je ne puis que protester de mon zèle ardent pour le perfectionnement de la belle institution que nous venons de fonder en France. Mais il me reste un autre devoir à remplir, au nom de la Société académique dont je suis un des délégués à cette assemblée, et au nom des administrateurs et des habitans de la ville que vous avez choisie pour le lieu de votre prochaine réunion. Je vous remercie du choix que vous avez bien voulu faire dans leur intérêt comme dans celui du Congrès ; je me rends garant que les amis des sciences et des lettres qui répondront au nouvel appel qui leur est fait pour l'année prochaine, recevront dans nos murs l'accueil le plus affectueux.

« Du reste, et j'éprouve de la satisfaction à le proclamer, nous ne ferons que suivre l'exemple que viennent de nous donner les habitans de la ville de Caen et de toute la Normandie, en nous exprimant habituellement et si bien leurs sentimens de confraternité, à nous étrangers à leur province et à leur localité. »

M. Le Prevost, premier Vice-Président, prend ensuite la parole, et termine la séance par le discours suivant :

« Messieurs, les travaux du Congrès de Caen sont arrivés à leur terme. Ce ne sera pas sans une vive émotion que nous prononcerons les paroles sacramentelles qui vont nous séparer pour long-temps, et les clore pour jamais. Qu'il nous soit permis, avant ce moment solennel, de vous offrir, et nos félicitations pour le zèle, l'activité, la sagesse que vous y avez apportés, et les vifs remercîmens de tous les membres de votre bureau pour la confiance que vous avez bien voulu lui accorder, et à laquelle le choc des discussions les plus animées n'a jamais apporté la moindre atteinte! Puissent ces doux et honorables souvenirs que chacun de nous emportera de cette enceinte, l'encourager dans le culte du juste, du vrai, du beau, de l'utile, dans la méditation assidue des grandes questions de science, d'art, d'améliorations sociales qui vous avaient amenés de tant de points divers! Puissions-nous, en nous retrouvant au prochain Congrès, y apporter une plus riche moisson encore de lectures, de propositions et de communications de toute nature! La noble et studieuse cité qui vous a fait un accueil si hospitalier, se rappellera avec complaisance, nous osons l'espérer, les jours que vous aurez passés dans son sein. Vos concitoyens apprécieront à toute leur valeur le généreux mouvement qui vous a guidés, l'heureux exemple que vous avez donné, les services importans que vous aurez rendus à l'accroissement des connaissances, aussi bien qu'au perfectionnement de la condition humaine. Eclairés par votre expérience, dirigés par vos conseils, vos successeurs pourront marcher à plus grands pas dans la carrière que vous venez de leur ouvrir; mais ils n'y apporteront, ni plus d'union, ni plus de zèle; ils n'auront pas mieux mérité de la science et du pays.

« Je déclare, au nom de l'assemblée, que la séance est levée, et que le Congrès de 1833 est terminé. Le prochain Congrès se réunira à Poitiers, dans la première quinzaine de septembre 1834. »

Après ce discours, écouté avec une grande attention, M. le Président déclare terminée la session du Congrès scientifique de 1833, et les membres qui le composaient se séparent en se renouvelant les marques de la bienveillante confraternité dont ils ont toujours été animés.

Le Secrétaire-général,
A. De Caumont.

Le Président du Congrès,
l'Abbé De la Rue.

PROPOSITIONS

ADOPTÉES

Par le Congrès,

CLASSÉES MÉTHODIQUEMENT.

Première Section.

I.

Inviter tous ceux qui possèdent des objets fossiles à donner connaissance de leurs collections en ce genre, en indiquant, autant que possible, les lieux où ces objets ont été trouvés et leur gisement.

II.

Encourager les voyages d'exploration ; recommander aux naturalistes et à toutes les personnes qui s'intéressent aux progrès de l'histoire naturelle, d'organiser, au moyen de souscriptions, ces sortes de voyages, et de les diriger vers les points du globe les moins explorés.

III.

Engager les botanistes à portée du littoral de la Méditerranée, à publier les espèces d'hydrophytes non décrites qu'ils auraient recueillies, et les engager à explorer avec soin les côtes dont les hydrophytes sont encore imparfaitement connues.

IV.

Appeler l'attention de tous les naturalistes français sur l'étude comparative de la botanique et de la géologie, sur l'influence possible des formations géologiques sur la végétation, et sur l'avantage de constater soigneusement, dans la description d'un végétal, quel qu'il soit, le caractère géologique du sol sur lequel il croît, pour jeter les bases d'une géographie géologique des plantes françaises.

V.

Émettre le vœu qu'il soit formé, dans chaque chef-lieu de département, et autant que possible d'arrondissement, une collection des objets d'histoire naturelle produits par chacune de ces circonscriptions territoriales.

Deuxième Section.

VI.

Engager les Conseils généraux et les Sociétés

d'agriculture de chaque département , à créer des concours annuels de charrues, et à publier les résultats de ces concours, afin que, dans peu d'années, on connaisse exactement l'espèce de charrue convenable à chaque nature de sol.

VII.

Prier le Gouvernement de provoquer la création de Comices agricoles dans toute l'étendue de la France, à l'instar de ceux qui existent déjà dans plusieurs départemens.

VIII.

Inviter le Gouvernement et les Sociétés d'agriculture à faire tous leurs efforts pour introduire dans les contrées septentrionales de la France la culture du mûrier, afin de porter à toute l'extension dont elle est susceptible l'éducation des vers à soie.

IX.

Engager les propriétaires et administrateurs des dunes à faire tout ce qui peut, selon les localités, rendre ces terrains productifs, notamment en fixant les sables dont il faut éviter la mobilité et le déplacement, en employant, d'après les expériences qui ont été faites, le tamarisc, le saule, la bourdaine, le bouleau, le genêt épineux, le genêt commun, la ronce, la luzerne, le *carex arenaria* , l'*arundo arenaria,* le *triticum junceum* , et plus encore le *triticum repens.*

Recommander aussi de soulever la terre, au moyen d'une petite pelle, dans les terrains mobiles, sans endommager la surface, pour placer, à 4 ou 5 pouces de distance, et à environ 2 pouces 1/2 de profondeur, de la graine d'argousier, « *hippophaë rhamnoïdes* », d'épinette, de cyprès, de sapin blanc, de pin blanc d'Amérique, de pin sauvage, d'ypréau ou peuplier blanc, et surtout de pin maritime.

X.

Exprimer le vœu que le projet proposé par M. l'ingénieur en chef du Calvados, pour l'amélioration de la navigation dans la rivière d'Orne, et qui consiste en un vannage éclusé à la pointe de la Roque, une écluse de navigation à la pointe du Siége, et une digue insubmersible entre ces deux pointes, soit de nouveau soumis à l'étude, afin de le voir promptement réalisé, l'exécution de ce projet intéressant la navigation des rivières en général.

XI.

Engager les Sociétés d'agriculture à s'occuper activement des moyens de faire passer dans la pratique l'usage des baux à long terme.

XII.

Émettre le vœu que les géomètres en chef du cadastre, à l'imitation de leur collègue M. Simon, géomètre en chef du Calvados, fassent 1° la description des cours d'eau par bassins hydrographiques, en suivant les progrès du cadastre; 2° le relevé des noms de localité suivant la véritable orthographe , et enfin un dictionnaire topographique, donnant, par communes, le plus de détails statistiques possible , dans un ordre constant.

Troisième Section.

XIII.

Employer tous les moyens de publicité , de persuasion; s'adresser aux Sociétés savantes, aux autorités et aux corps compétens, pour encourager l'instruction des vétérinaires et éclairer l'opinion publique sur les dangers de l'ignorance de la plupart de ces artistes.

XIV.

Appeler l'attention du gouvernement sur la nécessité d'une loi concernant l'organisation des Ecoles de médecine des départemens, en tenant compte des ressources et des besoins des localités.

XV.

Inviter les médecins à faire savoir, au prochain Congrès, s'ils ont remarqué quelques modifications dans la marche, les caractères extérieurs et les vertus préservatrices de la vaccine.

Quatrième Section.

XVI.

Inviter tous les antiquaires et amateurs de France, possesseurs de collections d'objets d'art et d'antiquités, à en dresser l'inventaire, spécialement en ce qui concerne la France, et à en donner communication à la société savante la plus voisine de sa résidence. Adresser la même invitation aux Sociétés savantes et aux conservateurs de collections publiques, en les engageant à faire entre eux un échange de leurs Catalogues respectifs.

XVII.

Employer tous les moyens possibles, tant par la publicité qu'en s'adressant aux autorités compétentes, pour obtenir qu'une réunion de départemens, répondant autant que possible à l'ancienne division provinciale, puisse envoyer à l'École des Chartes, à Paris, un élève qui, plus tard, serait placé dans le principal dépôt de la circonscription comme archiviste, et qui serait chargé de l'examen, du classement et de la conservation des chartes et autres pièces manuscrites anciennes.

XVIII.

Faire sentir aux Sociétés savantes des départemens l'intérêt que présenterait la publication de biographies et de bibliographies locales, soit par départemens, soit par provinces, et les engager à s'occuper de ce travail.

XIX.

Engager toutes les Compagnies académiques de France à recueillir tous les noms de lieux appartenant au territoire soumis à leurs recherches, soit qu'ils soient fournis par des documens historiques originaux, soit qu'on se les procure par les chartes ou par les inscriptions, et à les publier, sous leur forme la plus exacte, avec l'indication la plus précise que possible des localités qui les représentent dans la topographie actuelle de la France. Ce travail sera étendu aux anciennes divisions territoriales, soit ecclésiastiques, soit civiles.

XX.

Inviter les Sociétés savantes à réunir les élémens d'une statistique monumentale de la France, divisée par époques gauloise, romaine et du moyen-âge, à l'instar de ce qui a été fait dans plusieurs départemens de la Normandie [1], et dans quelques autres parties de la France.

---

[1] Dans le Calvados, par M. *de Caumont;* dans l'Eure, par M. *A. Le Prevost;* dans la Manche, par M. *de Gerville.*

XXI.

Engager l'Université à admettre dans l'enseignement quelques notions d'archéologie nationale;
inviter, pour faciliter l'exécution de cette mesure,
M. *de Caumont* à faire imprimer un résumé de son
cours d'archéologie, sous forme de manuel.

XXII.

Solliciter la création de Musées d'antiquités
nationales, dans tous les chefs-lieux de départemens.

XXIII.

Prier le ministre compétent de faire reconnaître
officiellement des autorités locales, les conservateurs divisionnaires et sous-conservateurs adjoints
à l'inspecteur-général des monumens historiques,
et de fixer leurs droits et attributions.

XXIV.

Engager les Sociétés savantes et les antiquaires à
indiquer, sur des cartes, les traces et les directions
des voies romaines encore existantes ou reconnues
antérieurement, comme l'ont fait plusieurs membres de la Société des Antiquaires de Normandie.

XXV.

Emettre le vœu qu'il soit formé des bibliothèques
par arrondissement, et que l'on s'occupe spéciale-

ment d'y réunir tous les ouvrages qui concernent la localité, à quelque titre que ce soit.

XXVI.

Encourager, par tous les moyens possibles, la publication des documens historiques et descriptifs locaux inédits, et la réimpression de ceux qui viendraient à manquer dans le commerce.

XXVII.

Emettre le vœu que la continuation de la précieuse collection des historiens de France, commencée par D. Bouquet, soit accélérée par tous les moyens possibles.

XXVIII.

Inviter les Sociétés savantes et les propriétaires de collections à rechercher et publier toutes les monnaies gauloises, mérovingiennes et capétiennes, jusqu'au XIIIe siècle, pouvant servir à l'avancement de la numismatique ou de la topographie locale.

XXIX.

Encourager le projet formé par M. *de Golbéry*, et auquel ont déjà répondu plusieurs savans, de se rendre à Pompeï en caravane, en traversant la France et la haute Italie, et en observant les monumens.

XXX.

Appeler l'attention des Sociétés savantes et des amis de l'histoire, sur la nécessité de recueillir et de publier tous les renseignemens encore existans, relatifs aux familles francaises d'origine qui ont émigré dans l'Inde et l'Amérique, aux xvie, xviie, et xviiie siècles.

XXXI.

Recommander également aux recherches des Sociétés savantes et d·s amis de l'histoire, de recueillir et de publier tous les renseignemens inédits qui subsistent encore relativement aux travaux et aux découvertes des navigateurs francais, depuis le moyen-âge jusqu'au xviie siècle.

XXXII.

Émettre le vœu que la publication des Tables chronologiques des chartes et titres concernant l'histoire de France, soit continuée et étendue.

XXXIII.

Demander que le *Géorama*, sphère monumentale de 54 pieds de hauteur et de 45 pieds de diamètre, destinée à être vue intérieurement et à rendre plus facile et plus attrayante l'étude de la géographie, puisse être restaurée et servir à l'enseignement de cette science, dans la capitale.

Cinquième Section.

XXXIV.

Soumettre aux méditations des savans, pour être approfondie et discutée au prochain Congrès, la question de savoir quelles sont les vraies conditions de développement d'une littérature nationale.

Sixième Section.

XXXV.

Appeler l'étude et l'attention publiques sur la question de savoir quels sont les moyens de régler les émigrations outre-mer et d'assurer l'existence des émigrans.

CATALOGUE DES OUVRAGES

OFFERTS

Au Congrès.

Extrait du Rapport fait à la Société libre des Beaux-Arts, sur les antiquités indiennes appartenant à M. Lamare Picot ; par M. le chevalier Alexandre Le Noir.

Notice sur les Fouilles récemment faites dans une partie de la forêt de Beaumont ; par M. de Stabenrath.

Considérations sur les Histoires locales , et en particulier sur celle du comté d'Evreux ; par le même.

Mémoire sur la culture de la Musique dans la ville de Caen ; par M. J. S. Smith.

Recherches sur le développement, l'organisation et les fonctions de la membrane caduque ; par M. Le Sauvage.

Notice sur la vie et les ouvrages de M. Pellieux aîné, de Beaugency ; par M. C.-F. Vergnaud Romagnési.

Fragmens de l'Odyssée, traduits en vers ; par M. A.-E. de la Chapelle.

Revue Normande, Recueil scientifique publié à Caen, depuis l'année 1830 (5 n^{os}). — *Par* M. de Caumont.

Cours d'antiquités normandes, professé à Caen en 1830, par M. de Caumont; (1re et 4e parties) 2 volumes, avec atlas de 35 planches.

Uranoranıa familier, offrant aux yeux et à l'esprit des personnes des deux sexes et de tout âge, ce que l'astronomie physique et géographique renferme de plus curieux et de plus instructif; par M. Rouy.

Essai sur la Statistique de l'arrondissement du Mans; par M. Cauvin.

Tableau statistique et politique des deux Canadas (un vol. in-8°); par M. Isidore Lebrun.

Mémorial encyclopédique et progressif des connaissances humaines; par M. Bailly de Merlieux.

Notice sur l'amphithéâtre de Doué; par M. de Stabenrath.

Considérations sur la nature et le traitement du Choléra; par le chevalier de Koukhoff.

Observations qui prouvent que l'abus des remèdes est la cause la plus puissante de notre destruction prématurée; par M. L.-F. Bigeon, docteur en médecine.

Discours contenant des vues générales sur les besoins et les intérêts de l'Agriculture, des Manufactures et du Commerce, prononcé par M. Jullien, de Paris, inséré dans le n° 29 du Journal des travaux de l'Académie de l'Industrie (mai 1833).

Journal des connaissances utiles. — Table systématique, 1831-1833.

Histoire des comtes de Poitou, devenus ducs d'Aquitaine; par M. de la Fontenelle de Vaudoré.

Recueil de Romances, avec accompagnement de piano; composées par le chevalier E.-J. Castaings. (6 cahiers.)

Notice historique sur le fort des Tourelles de l'ancien pont de la ville d'Orléans; par M. F. Vergnaud-Romagnési.

18

Mémoire sur le parti avantageux qu'on peut tirer des bulbes de safran comme substance alimentaire; par le même.

Notice sur le Château de Chambord, sur ses dépendances, et sur les moyens de l'utiliser; par le même.

Histoire abrégée de la philosophie ancienne et moderne; par M. C. Hippeau, professeur au collége royal de Poitiers.

Flore de Terre-Neuve et des îles Saint-Pierre et Miquelon, (1 vol. in-folio); par M. de la Pylaie, membre de plusieurs Sociétés savantes, à Fougères.

Traité des Algues (1 volume in-8°); par M. de la Pylaie.

Essai sur les combustions humaines; par M. P.-A. Lair, de Caen, membre de plusieurs sociétés savantes.

Notices historiques, lues à la Société royale d'Agriculture et de Commerce de Caen; par M. Lair.

De la pêche, du parcage et du commerce des Huîtres en France; par M. Lair.

Notice sur l'utilité de la culture des pommes de terre dans le Calvados; par M. Lair.

Précis de l'histoire et des travaux de la Société royale d'Agriculture et de Commerce de Caen; par M. Lair.

Compte rendu des travaux de la Société philharmonique du Calvados, en 1827 et 1828; par M. Bunel.

Cours d'explication universelle (1 vol. in-8°); par M. le professeur Azaïs.

Notice historique sur Orderic Vital.

Essai sur les Monnaies chartraines frappées par les comtes de Chartres et de Blois; par M. Cartier.

La Vierge au Poisson, de Raphaël; par P.-V. Belloc.

Mes soixante ans, ou mes Souvenirs politiques et littéraires; par Madame la princesse Constance de Salm.

Le Tableau de la Nature, ou Théorie de l'Univers, considéré *sous ses rapports physiques et mécaniques ; par M. ***, notaire.*

Questions sur l'Astronomie, suivies de la Proposition d'un nouveau système ; par M. Anquetil, de Coutances.

Société industrielle de Nantes. — Séance publique du 3 mars 1833.

Société libre d'Emulation de Rouen. — Séance publique de 1832.

Statuts et Réglement intérieur de la Société des Antiquaires de la Morinie ; par M. de Givenchy.

Mémoire sur les avantages du partage et de l'aliénation des biens communaux ; par M. Vanier, d'Honfleur.

Essai historique sur l'origine des grandes propriétés ; par le même.

De la Peinture sur verre aux Pays-Bas ; par M. le baron de Reiffemberg.

Mémoire sur les Instrumens antiques en bronze trouvés près de Gien (Loiret) ; par M. Vergnaud-Romagnési.

Rapport à la Société des Sciences et Arts, etc., d'Orléans ; par M. Lacave, sur un volume intitulé : *Fac-simile de médailles des familles romaines consulaires et impériales, obtenu par un nouveau procédé, et offert à la Société,* par M. Vergnaud-Romagnési.

Épître à mon Ami ; par E.-J. Castaings.

Rapport fait à la Société de l'Eure, par M. de Stabenrath, *sur des fouilles entreprises au Vieil-Evreux.*

Plan de travail pour la Société des Sciences et Lettres de Blois ; par M. de la Saussaye.

De la Réforme industrielle, considérée comme problème fondamental de la politique positive ; par M. J. Le Chevalier.

Revue de Rouen ; 1er volume. — Off. par M. Nicétas Periaux.

Mémoire sur le port de Caen, et sur l'avantage qu'il y aurait de rendre l'Orne navigable depuis cette ville jusqu'à Argentan ; par M. Lange, Membre de plusieurs Académies.

Observations sur les chemins vicinaux ; par le même.

Ephémérides normandes, ou Recueil chronologique et historique ; par le même.

Etrennes Coutançaises, et Annuaire ecclésiastique ; par M. l'abbé Piton-Després, de Coutances.

Programme d'un Cours d'Économie générale ; présenté au ministre de l'Instruction publique, par M. Jules Le Chevalier.

Programme d'un Prix proposé par la Société philharmonique, sur les moyens de propager le goût de la musique en Normandie et dans les provinces ; par M. P.-A. Lair.

Lithographies représentant une mosaïque découverte à Pompeï, le 24 octobre 1832. — Par M. de Roissy.

NOMS

Des Personnes

Nota. Les chiffres indiquent les sections auxquelles les Membres inscrits ont désiré appartenir.

AMELINE, professeur d'Anatomie.........	3.	Caen.
AMELINE fils, docteur en médecine.......	3.	Caen.
AMIEL, membre de plusieurs Académies.	5, 6.	Caen.
ASSELIN, ancien s.-préfet, président de l'Académie de Cherbourg, membre de la Société des Antiquaires de Normandie.................	4, 5, 6.	Cherbourg.
BACON, membre de l'Assoc. Normande..	1, 2, 6.	Baron (Calv.)
BANNEVILLE (le marquis de), memb. de la Soc. d'Agricult. et de Comm. de Caen, de l'Assoc. Normande....	2, 5.	Banneville (Calvados).
BAUDOT, conservateur des Monumens historiques de la Côte-d'Or, membre de plusieurs Académies.....	4.	Dijon.
BAYEUX, avocat à la Cour royale.........	5.	Caen.
BEAUREPAIRE (le comte de), inspect. divisionnaire de l'Assoc. Normande, ancien Ministre plénipotentiaire.	4, 5, 6.	Louvagny (Calvados).
BELLEAU, membre de l'Association Norm.	2, 5, 6.	Falaise.
BELLIVET, membre de la Société des Antiquaires de Normandie.....	5.	Caen.
BÉNARD, secrétaire de la Société philharmonique................	5.	Caen.

Bernetz (de), premier Adjoint à la Mairie. 5.   Caen.

Bertran, avocat, secrétaire de la Société d'Émulation de Rouen .... 4, 5.   Rouen.

Bertrand, profess. à la Faculté des Lettres de Caen, membre de la Société des Antiquaires de Normandie. 5.   Caen.

Besnon, avocat .... 2, 6.   Caen.

Bétourné, memb. de plusieurs Académies. 5.   Caen.

Blouet, procureur du Roi, membre de l'Association Normande .... 2, 5, 6.   Coutances.

Boislambert (de), lieut.-colon. de la Garde nationale, trésorier de la Société Philharmonique .... 5, 6.   Caen.

Boislambert (Alfred de), prof. en droit, membre de la Société des Antiquaires de Normandie .... 4, 5.   Caen.

Bonnaire, profess. de Physique au Collége royal .... 2.   Caen.

Bordecote (de), juge au Tribunal civil. . 4, 5, 6.   Pont-Audem. (Eure)

Borgarelli d'Ison (le comte), memb. de l'Association Normande et de la Société Philharmonique .... 2, 4, 5, 6.   Caen.

Boscher, docteur-médecin, membre de la Société de Médecine .... 3, 5, 6.   Caen.

Boscher, avocat, memb. de la Société des Antiquaires de Normandie. .... 4, 5, 6.   Caen.

Bouffey, procureur du Roi, membre de l'Association Normande........ 2, 5, 6.   Caen.

Bourrienne, doct.-méd., membre de la Société Linnéenne de Normandie . 1, 3.   Caen.

Brébam (H.), membre de la Soc. Philharm. 5.   Caen.

Brébisson (de), membre de plus. Soc. sav. françaises et étrangères, inspect. de l'Association Normande ..... 1, 5, 6.   Carel près Falaise.

Bretocq, ancien direct. des constructions navales, membre de plusieurs Sociétés savantes .... 2, 5.   S.-Étienne-la-Thillaye, pr. P.-l'Évêque.

COURSANNE (Léon de), membre du Conseil
    municipal, de la Soc. Philharm. 5.   Caen.

COURTY, avoc., memb. de l'Assoc. Norm. 2, 4, 5, 6.   Caen.

DAMEMME, memb. de l'Assoc. Normande. 2.   Caen.

DAN DE LA VAUTERIE, doct.-méd., memb.
    de plusieurs Sociétés savantes.. 2, 3, 5.   Caen.

DANIEL (l'abbé), provis. du Collége royal,
    présid. de la Soc. des Antiq. de
    Normandie, secrétaire général
    de l'Association Normande. .... 1, 2, 4, 5, 6.   Caen.

DAVID, memb. de l'Association Normande. 5.   Caen.

DAUFRESNE, notaire, membre de l'Asso-
    ciation Normande............... 2, 5.   Lisieux.

DEGOURNAY, docteur ès-lettres, memb. de
    plusieurs Académies. .... 4, 5, 6.   Caen.

DE LA BARTHE (le comte). .... 5.   Ste-Honorine
                                    (Calvados).

DE LA CHOUQUAIS, présid. à la Cour Royale,
    memb. de plus. Soc. savantes, ins-
    pect. de l'Association Normande. 2, 4, 5, 6.   Caen.

DE LA CODRE, membre de l'Assoc. Norm. 5, 6.   Caen.

DE LA FONTENELLE DE VAUDORÉ, conseil.
    à la Cour Royale, conservat. des
    monumens hist. en Poitou, secr.
    perpét. de la Soc. académique de
    Poitiers, membre de la Soc. des
    Antiq. de Normandie, et de plu-
    sieurs autres Sociétés savantes. 1, 2, 4, 5, 6.   Poitiers.

DE LA FOYE, professeur de physique à la
    Faculté des Sciences.......... 1, 2, 5, 6.   Caen.

DE LA FRESNAYE (le baron), membre de
    plus. Soc. sav., de l'Assoc. Norm. 1, 5, 6.   Falaise.

DELAIZE, lieutenant de Gendarmerie. ... 4, 5, 6.   Lisieux.

DELAPORTE, inspecteur des Postes, memb.
    de l'Association Normande..... 4, 5.   Lisieux.

DEMOLOMBE, professeur en droit, avocat
    à la Cour Royale. .... 5, 6.   Caen.

DE LAROQUE, memb. de la Soc. des Anti-
    quaires de Normandie.......... 4.   Laroque (Cal-
                                      vados).

bliss. du *Bon-Sauveur*, à Caen,
    membre de plusieurs Sociétés
    savantes françaises et étrang... 5, 6.   Caen.

JARDIN (Auguste), memb. de la Soc. Philh. 5.   Caen.

JOYEAU, ancien profess. à l'École de droit,
    memb. de la Soc. d'Agriculture. 2, 5, 6.   Caen.

JULLIEN, memb. de plus. Soc. sav., fondat.
    de la Revue Encyclopédique .... 2, 4, 5, 6.   Paris.

KERGORLAY (le comte Alain de), membre
    de la Soc. Linnéenne de Norm.. 1, 2, 5, 6.   Castilly (Cal-
                                   vados).

KERGORLAY (le comte Hervé de), inspect.
    de l'Association Normande..... 2, 4, 5, 6.   Canisy (Man-
                                   che).

LA FOSSE, séc. perp. de la Soc. de Méd. de
    Caen, membre de plusieurs
    Sociétés savantes............. 3, 5, 6.   Caen.

LAIR, sec. perp. de la Soc. d'Agricult. et de
    Comm. de Caen, membre de plu-
    sieurs autres Sociétés savantes
    françaises et étrangères........ 1, 2, 4, 5, 6. Caen.

LANGE, doct.-méd., vice-présid. de la Soc.
    des Antiq. de Norm., memb. de
    plusieurs Académies...... .... 2, 3, 4, 5, 6. Caen.

LA TROUETTE, prof. à la Faculté des Lett.;
    memb. de la Soc. des Antiquaires
    de Normandie................. 4, 5, 6.   Caen.

LEBOUCHER, bachelier ès-lettres........ 1, 5.   Livry.

LEBOUCHER, doct.-méd., memb. de plus.
    Sociétés savantes .... 3.   Caen.

LEBRUN (Isidore), memb. de plus. Soc. sav. 2, 4, 5, 6.   Paris.

LECAVELIER (Alphonse), archiviste de la
    Soc. Philharmonique.......... 5.   Caen.

LECAVELIER (Pierre), membre du Conseil
    municipal .... 5.   Caen.

LECERF, prof. en droit, memb. du Conseil
    munic., de l'Assoc. Norm., etc. 4, 5, 6.   Caen.

LE CHANGEUR, memb. de l'Assoc. Norm.. 4, 5.   Caen.

LE CHEVALIER (Jules), memb. de plusieurs
    Académies .... 5, 6.   Paris.

LECLERC, doct.-méd., memb. de la Soc.

Linnéenne de Norm., de l'Assoc. Normande	1, 3, 6.	Caen.
LECOQ, séc. de la Société vétérinaire de la Manche et du Calvados, membre de la Soc. Linn. de Normandie.	1, 2, 3, 6.	Bayeux.
LE FLAGUAIS (Alphonse), memb. de l'Acad. des Sciences, Arts et Belles-Lettres de Caen	5, 6.	Caen.
LE FLAGUAIS (Auguste), homme de lettres.	5.	Caen.
LEGRAND, doct.-méd., memb. du conseil gén. du Calv., inspect. de l'Ass. Norm., memb. de plusieurs Académies, maire de St.-Pierre-sur-Dives......................	3, 4.	S.-Pierre-sur-Dives.
LENORMAND, memb. de la Soc. des Antiquaires de Normandie, et de plusieurs Sociétés savantes....	1, 4, 5.	Vire.
LE NOURRICHEL, prof. de Peinture, membre de l'Association Normande.	5.	Caen.
LE PAULMIER (l'abbé), aumônier du Col. Royal, membre de la Soc. des Antiquaires de Normandie.....	4, 5.	Caen.
LE PREVOST (Auguste), inspect. divisionn. de l'Assoc. Norm., membre de la Soc. des Antiquaires de mandie, présid. de la Société d'Agric. de la Seine-Inférieure, et de plus. autres Soc. savantes françaises et étrangères.......	1, 2, 4, 5, 6.	Bernay.
LE PREVOST, memb. de la Soc. de Médecine.	3.	Caen.
LEQUÉRU, doct.-méd., membre de la Soc. de Médecine..................	3.	Caen.
LEROI-BEAULIEU, maire de Lisieux	4, 5, 6.	Lisieux.
LESAUVAGE, chirurg. en chef des hospices, membre de plus. Soc. savantes françaises et étrangères.......	1, 2, 3, 6.	Caen.
LETERTRE, conserv. de la Biblioth. publique, memb. de plus. Académies.	4, 5, 6.	Coutances.
LIBERT, méd. en chef des Hosp., membre de plusieurs Soc. savantes......	1, 4, 5, 6.	Alençon.

Noms des Personnes

QUI ONT ADHÉRÉ,

MAIS QUI N'ONT PU SE RENDRE AU CONGRÈS SCIENTIFIQUE.

===

ANQUETIL, membre de plusieurs Sociétés savantes.... Paris.

AUBIN, professeur.................................. Dieppe.

AUXAIS (d'), ancien Magistrat...... .... Avranches.

AZAIS, membre de plusieurs Sociétés savantes........ Paris.

BANVILLE (le vicomte de), membre de la Société des Antiquaires de Normandie.................. Villerville (Calvados).

BEAUCOUDRAY (de), membre de la Société des Antiquaires de Normandie, de l'Association Normande... .... Beaucoudray (Manche.)

BEAULIEU, membre de plusieurs Académies.......... Paris.

BESNOU, membre de la Soc. des Antiq. de Normandie. Villedieu.

BIGEON, D.-M., membre de plusieurs Sociétés savantes. Dinan.

BLANCHE, médecin en chef de l'Hospice général, membre de plusieurs Sociétés savantes............ Rouen.

BOUBÉE, professeur de Géologie..................... Paris.

BOUVAR, membre de l'Institut....................... Paris.

BRESSON, direct. de l'office de Correspondance scientifique.... .... Paris.

BRÉVIÈRE, graveur, membre de l'Académie et de la Société libre d'Émulation................... Rouen.

CALLEVILLE (de), membre de la Société des Antiquaires de Normandie........................... St.-Léonard (Orne.)

CASSAN, Sous-Préfet .... Mantes.

CÉSAR MOREAU, directeur-fondateur de l'Académie de l'industrie, membre de plusieurs Sociétés savantes françaises et étrangères.......... Paris.

CARRAULT, D.-M., memb. de plusieurs Sociétés savantes. Rouen.

CHAPRON, D.-M., membre de la Société Linnéenne de Normandie, de l'Association Normande, etc. — Harcourt (Calvados.)

CHAUMONTEL (le vicomte de), membre de la Société des Antiquaires de Normandie............. — Émiéville (Calvados.)

CHESNON, principal du Collége, memb. de plus. Acad. — Bayeux.

CHRÉTIEN, membre de l'Association Normande........ — Jouy-du-Plain (Orne.)

COULONGES (le comte de), membre de la Société des Antiquaires de Normandie................. — Coulonges (Orne.)

COUPPEY, juge au Tribunal civil, secrétaire de l'Académie de Cherbourg, inspecteur de l'Association Normande........................... — Cherbourg.

CRAZANNES (le baron de), ancien Sous-Préfet, Maître des requêtes, ... — Figeac.

DAMPIERRE (de), membre de l'Association Normande.. — Bray (Calv.)

DAUDIN, membre de la Soc. Linnéenne de Normandie. — Pouilly (Oise.)

DE LA CHAPELLE, membre de l'Académie de Cherbourg. — Cherbourg.

DE LA DOUCETTE (le baron), membre de plusieurs Sociétés savantes françaises et étrangères... — Paris.

DE LA PILAYE, membre de la Société royale des Antiquaires de France....................... — Fougères.

DE LA RENAUDIÈRE, membre de la Société de Géographie, et de plusieurs autres Soc. savantes. — Paris.

DE LA RUE, secrétaire perpétuel de la Société libre d'Agriculture, Sciences et Arts, inspecteur divisionnaire de l'Association Normande... — Evreux.

DE LA SALLE, directeur de l'Europe littéraire....... — Paris.

DESCORDES, premier Président de la Cour royale..... — Poitiers.

DESPRÉAUX, membre de la Soc. Linn. de Normandie. — Vire.

DESTIGNY, adjoint au Maire de Rouen, membre de l'Académie, et trés. de la Soc. lib. d'Émul. — Rouen.

DIBON (Paul), membre de la Société des Antiquaires de Normandie, de l'Association Normande .. — Louviers.

DOUBLET DE BOISTHIBAULT, memb. de la Société royale des Antiquaires de France........ .... — Chartres.

DU MARHALLA, membre de la Soc. Linn. de Normandie. — Quimper.

Du Pays , membre de la Soc. Linn. de Normandie..... Paris.

Dusevel , conseiller à la Cour royale............... Am.ens.

Favre , maire de la ville de Nantes................. Nantes.

Fernel , membre de la Soc. des Antiquaires de Norm. Neufchatel.

Follain , D.-M., membre de plusieurs Sociétés savantes. Granville.

Formeville (de), procureur du Roi , membre de la
    Sociétés des Antiquaires de Normandie..... Lisieux.

Foville , membre de plusieurs Sociétés savantes ,
    médecin en chef de l'Asile des Aliénés ...... Rouen.

Gaillon , membre de plusieurs Académies........... Boulogne.

Genas-Duhomme , ancien sous-préfet , membre de la
    Société des Antiquaires de Normandie...... Bayeux.

Geoffroy-Saint-Hilaire , membre de l'Institut...... Paris.

Golbery (de) , correspondant de l'Institut , conseiller
    à la Cour royale........................ Colmar.

Girard , membre de l'Institut..................... Paris.

Gody (Auguste), membre de plusieurs Académies.... Versailles.

Graves, conseiller de Préfecture, membre de la Société
    des Antiquaires de Normandie.... .... Beauvais.

Grille , membre de plusieurs Sociétés savantes....... Angers.

Guépin, D.-M., secrétaire de la Soc. acad. de Nantes... Nantes.

Guiton-Villeberge (le vicomte de) , membre de la
    Société des Antiquaires de Normandie...... Montanel.
                           (Manche.)

Hardouin , membre de la Soc. Linn. de Normandie.... Rennes.

Hubert, professeur à l'École de Médecine, membre de
    plusieurs Sociétés savantes............... Caen

Jussieu (de), préfet du département de la Vienne.. Poitiers.

Kirckhoff (le chevalier de), membre de plusieurs
    Sociétés savantes...................... Anvers.

Lacroix , membre de plusieurs Sociétés savantes , de
    l'Association Normande............. .... Orbec (Calv.)

Lamare-Piquet, membre de la Société Linn. de Norm. Paris.

Lambert , membre de la Société des Antiquaires de
    Normandie , et de plusieurs Académies ...... Bayeux

Langlois (Frédéric), directeur de la Manufacture de
    porcelaine , membre de la Société Linnéenne
    de Normandie .... Bayeux.

LANGLOIS (Hyacinthe), directeur de l'Académie de Dessin
et de Peinture , membre de l'Académie des
Sciences, président de la Société libre d'Emulation , membre de la Société des Antiq. de
Normandie et de plusieurs autres Soc. sav.   Rouen.

LE GLAY, membre de la Soc. des Antiq. de Normandie   Cambray.

LE HÉRISSON, juge, membre de la Soc. des Antiquaires
de Normandie..................................   Chartres.

LE JEUNE , membre de la Soc. des Antiq. de Normandie.   Chartres.

LE MERCIER , membre de l'Institut.................   Paris.

LEVER (le marquis), directeur de la Société des Antiquaires de Normandie.....................   Roquefort
  (Seine-Inf.)

LORIEUX , ingén. des Mines , memb. de plus. Soc. sav.   Nantes.

MARÉCHAL, membre de plus. Sociétés savantes.......   Nantes.

MARQUESSAC (le vicomte de), membre de plus. Soc. sav.   Nantes.

MILLY (de), membre de l'Association Normande......   Milly(Manch.)

MOUTON (l'abbé), memb. de plusieurs Académies , curé
de la paroisse de la Sainte-Trinité..........   Falaise.

MONTLIVAULT (le comte de), ancien Préfet, conseiller
d'État...................................   Creully (Calv.)

PALOIS , D.-M., membre de la Société acad. de Nantes.   Nantes.

PENHOUËT (de), Maréchal-de-Camp, memb. de plusieurs
Académies.................................   Rennes.

PAULIN-PARIS, sous-conservateur au dépôt des manuscrits de la Bibliothèque royale..............   Paris.

PERIAUX (Nicétas), imprimeur-libraire, membre des
Sociétés d'Émulation et de Commerce.......   Rouen.

PERN-COUELLANT , maire de Dinan..................   Dinan.

PESCHE , membre de la Soc. des Antiq. de Normandie...   Le Mans.

PIGEON , membre de plusieurs Académies............   Argentan.

POTTIER, conservateur de la Bibliothèque publ., memb.
de la Société des Antiquaires de Normandie, de
l'Académie et de la Société libre d'Émulation
de Rouen , etc.............................   Rouen.

RAVENAZ, membre de la Société Linn. de Normandie..   Paris.

REIFFENBERG (le baron de), membre de plusieurs
Académies.................................   Louvain.

RENAULT, membre de la Société des Antiquaires de Normandie, substitut du procureur du Roi.   Falaise.

REY, membre de plusieurs Sociétés savantes et du Conseil général des Manufactures ....   Paris.

SAINT-PIERRE (vicomte de), membre du Conseil général du Calvados................. ....   Saint - Pierre (Calvados.)

SALLEN (de), membre de l'Association Normande ......   Pierrepont (Calvados.)

SALM (la princesse Constance de)..................   Paris.

SURIRAY, D.-M., membre de la Soc. Linn. de Normandie.   Le Havre.

TOUCHET (de) , membre de la Soc. des Antiq. de Norm. et de plusieurs autres Sociétés savantes , trésorier en chef de l'Association Normande.   Caen.

TOULMOUCHE , D.-M., membre de plus. Soc. savantes...   Rennes.

TRAVERS , principal du Collége, membre de la Société des Antiquaires de Normandie............ ..   Falaise.

VAUGEOIS, ancien Magistrat , membre de plusieurs Soc. savantes, direct. de la Société des Antiquaires de Normandie.   Laigle.

TABLE DES MATIÈRES.

FIN DE LA TABLE.

Corrections.

Pag. 152, lig. 8. *Au lieu de : un des plus anciens monumens élevés
à la Science ; lisez :* un des plus curieux monumens.

Pag. 164, lig. 7. *Prendre pour but. Tandis, etc. ; lisez :* prendre pour
but ; tandis que, etc.

Pag. 171, lig. 17. *Heureux encore si*, etc. A cette phrase substituer
celle-ci : Heureux encore si ces occupations et le
contact de camarades riches ne lui font pas contracter
des habitudes qui le feront peut-être rougir d'une
carrière d'artisan, et n'ouvrent pas la porte à des
idées ambitieuses qu'il n'aura pas toujours les moyens
de réaliser ! Que si, etc.

Pag. 172, lig. 15. *Son organisation telle qu'elle est ; lisez :* son organisation actuelle.

Pag. 175, lig. 17. *Telle est maintenant*, etc. A cet alinéa, substituer
celui-ci : Telle est maintenant la position de la littérature proprement dite, que ses productions ne
peuvent plus être qu'une récréation pour des lec-
teurs oisifs, et encore une récréation souvent dangereuse !

9 782329 783826